WERNER ERTELD

Grundflächenschluß und Zuwachs bei Kiefer, Fichte und Buche

WISSENSCHAFTLICHE ABHANDLUNGEN

NR. 21

GRUNDFLÄCHENSCHLUSS UND ZUWACHS BEI KIEFER, FICHTE UND BUCHE

von

WERNER ERTELD

1957

DEUTSCHE AKADEMIE
DER LANDWIRTSCHAFTSWISSENSCHAFTEN ZU BERLIN

AKADEMIE-VERLAG · BERLIN

ANSCHRIFT DES VERFASSERS:
PROF. DR. WERNER ERTELD
EBERSWALDE, ALFRED-MÖLLER-STR.

1957

Herausgegeben von der Deutschen Akademie der Landwirtschaftswissenschaften zu Berlin

Vorgelegt von Prof. Dr. EHWALD und Prof. Dr. RICHTER · Redaktionsschluß: 1. Januar 1956

Erschienen im Akademie-Verlag GmbH, Berlin W 8, Mohrenstraße 39 · Lizenz-Nr. 202 · 100/103/56

Satz und Druck: Börde-Druckerei Schönebeck (Elbe) - IV/22/1

Bestell- und Verlagsnummer: 2068/56/21

Printed in Germany

Inhalt

In der vorliegenden Abhandlung sollen die zu erwartenden Zuwachsleistungen von Waldbeständen bei Bestockungsdichten erörtert werden, die unter den Grundflächenhaltungen der Ertragstafel liegen.

Bei der Schätzung der Derbholzmasse mit Hilfe der Ertragstafel bezieht man sich stets auf den Grundflächenschluß oder den Bestockungsgrad. Es wird also festgestellt, welchen Anteil die vorhandene Bestandesgrundfläche an der zugehörigen Ertragstafelgrundfläche hat, und es wird dann die entsprechende Ertragstafelmasse mit dem gewonnenen Quotienten multipliziert.

Vielfach wird in der Praxis auch die Schätzung des laufend jährlichen Massenzuwachses mit Hilfe des Grundflächenschlusses vorgenommen, indem die in den Ertragstafeln angegebenen Zuwachszahlen entsprechend reduziert werden. Das ist deshalb nicht korrekt, weil bei einer Bestandesauflockerung der Massenzuwachs nicht im gleichen Maße absinkt wie die Grundfläche. Eine stärkere, und zwar verhältnismäßig ungünstige Veränderung des Massenzuwachses ist dann anzunehmen, wenn die Auflockerung des Bestandes nicht in pfleglicher, sondern in unpfleglicher Art und Weise erfolgt. In solchen Fällen muß eine Reduktion des Ertragstafelzuwachses mit dem Grundflächenschluß zu völlig ungenügenden Ergebnissen führen.

Zur besseren Erfassung des laufend-jährlichen Massenzuwachses bei einer unter den Ertragstafelangaben liegenden Grundflächenhaltung soll im folgenden versucht werden, die Zuwachshöhe unserer drei wichtigsten Holzarten sowohl bei pfleglicher als auch bei unpfleglicher Auflockerung zu besprechen und in einer für die Praxis geeigneten Form darzustellen.

I. Einführung

Die normale Entwicklung des Zuwachsganges unserer wichtigsten Holzarten ist in den Ertragstafeln (24) niedergelegt worden. Beim Gebrauch der Ertragstafeln darf bekanntlich niemals außer acht gelassen werden, daß sie aus der arithmetischen Mittelung zahlreicher wirklicher Wachstumsabläufe entstanden und in ihrer nach Ertragsklassen gegliederten Abstufung stark ausgeglichen sind. Es ist daher notwendig, sich stets der Eigenart der Ertragstafeln als ausgeglichener Durchschnittsreihen bewußt zu sein, denen der Wachstumsablauf eines einzelnen Waldkomplexes in den seltensten Fällen folgen wird.

Es ist vielmehr auch beim Vorliegen normaler Wuchsbedingungen und einer im Tafelsinn vorgenommenen Behandlung im Einzelbestand ein mehr oder weniger von den Ertragstafelzahlen abweichender Wachstumsgang zu erwarten.

Der von einigen Autoren vorgenommene Vergleich der Wachstums- und Zuwachskurven der Tafel mit den mit Hilfe von Wuchsgesetzen gefundenen Werten (19) unterstreicht lediglich die Eigenart der Ertragstafeln, der Natur angenäherte, mathematisch ausgeglichene Wachstumskurven wiederzugeben. Ein solcher Vergleich charakterisiert bei Übereinstimmung beider Kurven den Wachstumsverlauf als mathematisch nachweisbare Funktion der zuwachsbildenden inneren und äußeren Wachstumsfaktoren. Er kann weiter, sofern die Wirksamkeit derartiger Zusammenhänge glaubhaft nachgewiesen ist, zur Prüfung der Güte von Ertragstafeln dienen. Ein Zusammenhang wird aber immer nur dann hergestellt werden können, wenn der Wachstumsablauf der Ertragstafeln keinen Bruch in der Entwicklung aufweist. Eine Tafel etwa, die im mittleren Alter eine relativ plötzliche starke Auflockerung vorsieht, oder eine Lokalertragstafel, die während des Wachstumsablaufs standortsgebundene überraschende Wirkungen wiedergibt, läßt sich nicht in Übereinstimmung bringen mit der funktionalen Darstellung des Wachstumsablaufes nach einem Wuchsgesetz. Die notwendige Neuorientierung bei veränderten Wachstumsfaktoren vermindert zweifellos die Anwendbarkeit von Wuchsgesetzformeln. Ertragstafeln und Wuchsgesetzkurven für den Waldkomplex sind damit im Grunde etwas mindestens sehr Ähnliches. Beide sind geeignet, normale Wachstumsabläufe darzustellen. Die Besonderheiten der Bäume, auf plötzliche und nicht normale Veränderungen der Wuchsbedingungen individuell und wenig vorausbestimmbar zu reagieren, gestatten weder die Anwendung von Ertragstafeln noch von Wuchsgesetzkurven, sobald die Notwendigkeit vorliegt, das tatsächliche Leistungsvermögen in solchen Fällen zu fixieren. Die Waldertragslage Deutschlands läßt nun diese Notwendigkeit sehr deutlich in den Vordergrund des Interesses treten. Es handelt sich jedoch nicht ausschließlich um eine eng begrenzte, etwa auf eine Beurteilung des gegenwärtig möglichen Holzzuwachses allein zu beziehende Aufgabe, sondern die zu erwartende Holzarmut läßt es darüber hinaus als dringlich erscheinen, genauer als bisher in die Zusammenhänge zwischen Bestockungsmerkmalen und Holzertrag Einblick zu gewinnen. Eine sehr beachtenswerte Arbeitsrichtung, die geeignet ist, uns teilweise über diese Dinge zu informieren, ist z. B. die präzise Ermittlung der Größe und Art des Holzvorrats und des Zuwachses in Verbindung mit der Abgrenzung der kritischen Grundflächen, wie sie uns ASSMANN am Beispiel der Fichte in einem ihrer optimalen Wuchsgebiete (1) und auch der Buche (2) demonstriert. Gleiche Arbeiten in Mischbeständen und im ungleichaltrigen Wald werden schwieriger sein als bei der meistens niederdurchforsteten Fichte. Jedoch ist das nur ein gradueller, kein grundsätzlicher Unterschied der Arbeitsmethodik. Eine ähnliche Art des Vorgehens finden wir in einer neueren Arbeit von PEDER BRAATHE (4), der über die Entwicklung norwegischer Fichten bei verschiedener Bestockungsdichte und die für solche Untersuchungen notwendige Methodik berichtet.

Im Sinne einer derartigen allgemeinen Arbeitsrichtung möchte ich die vorliegende Schrift aufgefaßt sehen. Wenn auch die Themenstellung eine Bindung an die Ertragstafel notwendig macht und damit optimale Grundflächen- und Vorratshaltungen nicht gefunden werden können, so gestattet doch die Veränderung der Höhe des laufenden Derbholzmassenzuwachses gewisse Einblicke in die Zusammenhänge zwischen Grundflächenhaltung und Zuwachsleistung.

In erster Linie soll jedoch dem Praktiker die Möglichkeit gegeben werden, die Veränderung des Zuwachses bei Bestandesauflockerungen verschiedenen Grades einigermaßen richtig einzuschätzen.

II. Aufnahmeverfahren und Methodik der Auswertung

1. Normal behandelte Bestände

Bei der Bestimmung der Zuwachsgrößen als Folge normaler, also pfleglicher Auflockerung, bin ich von bereits vorliegenden Erfahrungen ausgegangen. Für derartig normale Verhältnisse finden wir in den „Hilfstafeln für die Forsteinrichtung" (3) Zuwachsschlußzahlen, die in der Tabelle 1 wiedergegeben werden.

Tabelle 1

Grundflächenschluß (Bestockungsgrad) und Zuwachsschluß nach den Bayrischen Hilfstafeln für die Forsteinrichtung

Grundflächenschluß oder Vollbestandsfaktor	1.0	0.9	0.8	0.7	0.6	0.5	0.4	0.3	0.2	0.1
Fichte	1.00	1.00	1.00	0.95	0.80	0.65	0.50	0.35	0.25	0.10
Kiefer	1.00	0.95	0.90	0.85	0.75	0.65	0.55	0.40	0.30	0.30
Buche	1.00	1.00	1.00	1.00	0.90	0.80	0.70	0.55	0.40	0.20
Eiche	1.00	1.00	0.95	0.90	0.80	0.65	0.50	0.35	0.25	0.10

Die Zahlen sind von WIEDEMANN berechnet worden, ohne daß allerdings besondere Untersuchungen zu diesem Zweck durchgeführt wurden. Die Angaben beruhen vielmehr auf langjährigen Erfahrungen. Wenn man die Massenzuwachsleistung der Ertragstafeln für mäßige Durchforstung, starke Durchforstung und Lichtung, die ebenfalls von WIEDEMANN (24) für die wichtigsten Holzarten außer Eiche aufgestellt worden sind, zugrunde legt und daraus die Zuwachsabsenkung bei vermindertem Grundflächenschluß berechnet, dann ergeben sich gewisse Unterschiede. Tabelle 2 bringt die in unserem Institut auf diese Weise berechneten Zahlen. Sie lassen sich nur bis zum Grundflächenschluß von 0,7 bzw. bei Kiefer bis 0,6 ermitteln, weil die Ertragstafeln keine stärkeren Schlußabsenkungen kennen.

Tabelle 2

Grundflächenschluß (Bestockungsgrad) und Zuwachsschluß nach den Ertragstafeln von WIEDEMANN

Grundflächenschluß oder Vollbestandsfaktor	1.0	0.9	0.8	0.7	0.6
Fichte	1.00	0.95	0.92	0.84	—
Kiefer	1.00	0.99	0.98	0.94	0.90
Buche	1.00	1.00	1.00	0.90	—

Die Berechnung der Tabelle wurde in der Weise vorgenommen, daß das Verhältnis der Grundflächenhaltungen starker Durchforstung und Lichtung zur Grundflächenhaltung mäßiger Durchforstung festgestellt wurde und in einem Graphikon die für die aus der Ertragstafel auf diese Weise berechneten Grundflächenschlüsse gültigen Massenzuwüchse eingetragen wurden. Durch graphische Interpolation konnte dann in einfacher Weise für die Grundflächenschlüsse der vollen Zehntel die zugehörige Massenzuwachsleistung abgelesen werden. Man bestimmt damit also die sich nach den Ertragstafeln aus einer Absenkung der Grundfläche ergebenden Massenzuwachsveränderungen.

Die Gegenüberstellung der Tabelle 1 und Tabelle 2 zeigt, daß bei der Kiefer die sehr sorgfältige und kontinuierliche Pflege, wie sie auf den langfristigen forstlichen Versuchsflächen als der Grundlage für die Ertragstafelaufstellung üblich war und ist, eine immerhin merklich geringere Zuwachsabsenkung zur Folge hat, als sie WIEDEMANN für den Durchschnitt normaler Behandlung annimmt. Es kommt hinzu, daß die Ertragstafeln, die in den Jahren und Jahrzehnten vor dem Kriege entstanden, naturgemäß auch die Kieferngebiete höchster Massenleistung östlich der Oder und Neiße mit erfassen mußten, während WIEDEMANN im Jahre 1951 in seinen Erfahrungszahlen diese Gebiete ausschloß. Die etwas geringeren Ertragstafelwerte der Fichte gegenüber den Erfahrungszahlen erklären sich wahrscheinlich in ähnlicher Weise aus der Tatsache, daß die den Ertragstafeln zugrunde liegenden Versuchsflächen nur in Norddeutschland liegen, während die optimalen Fichtengebiete Süddeutschlands nicht erfaßt sind. Alle Fichtenertragstafeln Süddeutschlands geben daher auch stets höhere Massenleistungen an, als wir sie in den Fichtenvorkommen des Harzes, des Thüringer Waldes und des Erzgebirges erwarten können. Es ist anzunehmen, daß im optimalen Wuchsgebiet einer Holzart auch bei einer Verminderung des Grundflächenschlusses der Zuwachs nicht im gleichen Maß sinkt wie im Grenzgebiet des Vorkommens der Holzarten. Die Differenzen zwischen den Angaben der Tabellen 1 und 2 für die Buche beschränken sich auf den bei der Tafelberechnung noch erfaßbaren Grundflächenschluß von 0,7.

Wenn man die von MITSCHERLICH (9) im Jahre 1954 am gesamten ihm zur Verfügung stehenden Material langfristiger forstlicher Versuchsflächen ermittelten Zuwachszahlen betrachtet, dann ergibt sich eine weitgehende Übereinstimmung mit den Ertragstafelzahlen.

Tabelle 3

Grundflächenschluß (Bestockungsgrad) und Zuwachsschluß für die Buche nach MITSCHERLICH

Grundflächenschluß oder Vollbestandsfaktor	1.0	0.9	0.8	0.7	0.6	0.5	0.4
Buche	1.00	0.98	0.95	0.90	0.83	0.74	0.63

Ich glaube aus den angeführten Gründen, daß im großen und ganzen für das Gebiet der Deutschen Demokratischen Republik bei der Kiefer die Erfahrungszahlen nach Tabelle 1, bei der Fichte dagegen die Ertragstafelberechnung nach Tabelle 2 Gültigkeit beanspruchen kann. Bei der Buche dürfte es praktisch belanglos sein, welche Tabelle man verwendet. Auf der Grundlage der für die drei Holzarten, Kiefer, Fichte und Buche angegebenen Zuwachszahlen wurden die im dritten Abschnitt berechneten Tabellenwerte gefunden.

2. Unpfleglich behandelte Bestände

In den letzten Jahrzehnten, besonders aber in den letzten Kriegs- und den ersten Nachkriegsjahren, sind unsere Wälder vielfach in wenig pfleglicher Weise behandelt worden. Die Holznutzung dieser Zeit hatte zur Folge, daß

1. der Grundflächenschluß erheblich unter ein vertretbares Maß absank,
2. nicht die besten, sondern die schlechtesten Stämme im Walde verblieben.

Besonders die starken Sortenhiebe wirkten in dieser Richtung. In den Beständen, die in der beschriebenen Weise geschädigt wurden, ist es daher nicht möglich, die weitere Wachstumsentwicklung ohne weiteres an Hand von Ertragstafeln oder ähnlicher, allgemeiner Ertragskurven abzuschätzen. Da eine Ertragsschätzung aber vielfach, schon aus Planungsgründen, notwendig ist, mußte versucht werden, Zuwachsdaten zu finden, die bei unpfleglicher Behandlung als gültig angenommen werden können.

Da für die Arbeiten aus naheliegenden Gründen die langfristigen forstlichen Versuchsflächen nicht herangezogen werden konnten, war es notwendig, das Material aus der Neuaufnahme von besonders anzulegenden Probeflächen zu gewinnen. Das gesamte Gebiet der DDR wurde nach Waldgebieten aufgeteilt. Es muß hervorgehoben werden, daß die Waldgebietsaufteilung nur sehr grob vorgenommen wurde und daß wir im Interesse der praktischen Verwendbarkeit aller Ergebnisse nicht daran denken konnten, eine so verfeinerte Aufteilung zugrunde zu legen, wie sie bei der Beachtung der SCAMONIschen Wuchsbezirke (15) hätte vorgenommen werden müssen. Innerhalb jedes einzelnen Waldgebietes wurden die für die betreffenden Gebiete charakteristischen Waldkomplexe und Reviere festgestellt. In diesen Revieren wurden dann auf Flächen, die unseren Anforderungen hinsichtlich Unpfleglichkeit entsprachen, Probebestände abgegrenzt. Es war dabei notwendig, entsprechend der Aufgabenstellung solche Bestände zu wählen, die vor etwa 5 Jahren über das Normalmaß hinaus stark und unpfleglich durchhauen wurden, in denen aber in den nachfolgenden Jahren keine Hiebe mehr stattfanden. Auf jeden Fall mußte gewährleistet sein, daß der etwa im zweiten Jahr nach der Auflockerung einsetzende Lichtungszuwachs mit erfaßt wurde. Da dieser Lichtungszuwachs verhältnismäßig lange Zeit andauert, kann die Zuwachsleistung der Periode 0–5 oder 1–6 Jahre nach der Lichtung als gültig für mindestens das nächste Jahrzehnt angenommen werden.

Auf den Probeflächen sind folgende Arbeiten vorgenommen worden:

Es wurden sämtliche Stämme in 1,3 m Höhe über Kreuz gekluppt und eine genügende Anzahl von Höhen zur Konstruktion der Höhenkurve gemessen. Es erfolgte sodann eine Massenermittlung auf der Grundlage des Formhöhenreihenverfahrens nach VON LAER. Für die Ertragsklassenbestimmung wurden die Ertragstafeln nach WIEDEMANN für mäßige Durchforstung benutzt.

Die Zuwachsermittlung erfolgte grundsätzlich durch Bohrspanentnahme und Auswertung mit Hilfe der SCHNEIDERschen Formel unter Verwendung der Konstanten nach PRODAN (13, 14). Ich möchte die Methode hier in möglichster Kürze erläutern. Einige Unklarheiten in ihrer theoretischen Begründung zwangen mich dazu, sie vor Anwendung noch einmal gründlich durchzuarbeiten. Dabei ergaben sich einige Gesichtspunkte, die bei künftiger Anwendung von Wichtigkeit sein können, teilweise sogar beachtet werden müssen.

Im Forstwissenschaftlichen Centralblatt 1949 hat PRODAN Tabellen mitgeteilt, die eine einwandfreie Verwendung der SCHNEIDERschen Formel ermöglichen (13). PRODAN geht von folgenden Grundsätzen aus:

1. Bei dem gleichen Mitteldurchmesser (Kreisflächenmittelstamm) und dem gleichen Stärkezuwachs variiert das Massenzuwachsprozent des Bestandes verhältnismäßig wenig von Bestand zu Bestand bei der gleichen Holzart und sehr unbedeutend von Holzart zu Holzart.
2. Der Stärkezuwachs bestimmt also im wesentlichen den Massenzuwachs. Die Formhöhenveränderung innerhalb einer kürzeren Periode (10 Jahre) bleibt in ihrer Bedeutung für den Massenzuwachs weit hinter dem Stärkezuwachs zurück.

PRODAN hat nun in der Absicht, die SCHNEIDERsche Formel (13, 14, 18) zur Bestimmung des Massenzuwachsprozentes in Beständen zu einem Hilfsmittel für die Forsteinrichtung auszubauen, für verschiedene Holzarten und Durchmesser die Konstanten berechnet.

Die SCHNEIDERsche Formel bezieht sich bekanntlich zunächst auf das Durchmesserzuwachsprozent, das dann gleich dem Kreisflächenzuwachsprozent gesetzt wird.

$$P_d = 100 \left(\frac{d^2 - (d - 2i)^2}{d^2}\right)$$

Dabei ist i gleich der Breite eines Jahrringes. Unter Einführung des Begriffes $n = \frac{1}{i}$ und Vernachlässigung des sich bei der Berechnung ergebenden Wertes $4i^2$ erhält man

$$p_d = p_g = \frac{400}{n\,d}$$

Da nach dieser Formel die Höhen- und Formzahlveränderung nicht berücksichtigt ist, wurde die Zahl 400 bei noch zuwachskräftigen Beständen mehr oder weniger gutachtlich erhöht.

PRODAN geht von dieser Formel, die er allgemein

$$p_g = \frac{k}{n\,d}$$

schreibt, aus und weist zunächst in der üblichen Form nach, daß das Kreisflächenzuwachsprozent unter Vernachlässigung der innerhalb einer kurzen Periode verhältnismäßig unbedeutenden Formhöhenveränderung gleich dem Massenzuwachsprozent ist.

$$v = g\,h\,f$$

$$z_i = (g + z_g)(hf + z_{hf}) - ghf$$

$$= hfz_g + gz_{hf} + z_g \cdot z_{hf}$$

Daraus ergibt sich die Beziehung

$$p_v = \left(\frac{z_g}{g} + \frac{z_{hf}}{hf} + \frac{z_g}{g} \cdot \frac{z_{hf}}{hf}\right) 100 = p_g + p_{hf}$$

$$p_v \cong p_g$$

Es kann also p_v an Stelle von p_g in die SCHNEIDERsche Formel eingesetzt werden

$$p_v = \frac{k}{n\,d}$$

Daraus ergibt sich

$$k = p_v\,n\,d$$

Für k werden von PRODAN nach n und d gegliederte Tabellen bekanntgegeben.

Um die Anwendbarkeit der Tabellen zur Bestimmung des Massenzuwachsprozentes für alle n- und d-Werte ohne Schwierigkeiten zu ermöglichen, werden die entsprechenden Werte in die Formel eingesetzt. Auf diese Weise kann das Massenzuwachsprozent für alle Durchmesserzuwüchse und Durchmesser aus den Tabellen entnommen werden. Da PRODAN sich des KRENNschen Tarifs bedient, der Massenwerte angibt, ist bei Benutzung der Tabellen die Formhöhenveränderung berücksichtigt.

Der Gang der Berechnung sei an einem Beispiel demonstriert:

E i c h e, 20 cm D u r c h m e s s e r des Kreisflächenmittelstammes.

$$n = 4$$

$$z_d \text{ in 1 Jahr} = 0{,}5 \text{ cm}$$

$$p_v = \frac{k}{n\,d}$$

$$k = P_v\, n\, d$$

$$19{,}4 \text{ cm } d_m = 0{,}267 \text{ Vfm m. R. nach KRENN}$$

$$20{,}0 \text{ cm } d_m = 0{,}285 \text{ Vfm m. R. nach KRENN}$$

$$z_v = 0{,}018$$

$$p_v = \frac{z_v\, 100}{V_v} = \frac{0{,}018}{0{,}285} = 6{,}3\,\%$$

$$k = 6{,}3 \cdot 4 \cdot 20{,}0$$

$$k = 504$$

Durch Einsetzen verschiedener Werte für n und d erhält man die zugehörigen Massenzuwachsprozente.

Ist also z. B. n = 1, das heißt, beträgt in einem Jahr der Durchmesserzuwachs 20 mm (2 cm), so ergibt sich

$$p_v = \frac{504}{1.20} = 25{,}2\,\%$$

Die von PRODAN angegebenen Werte in der Tabelle der k-Werte stimmen des öfteren nicht genau mit den Zahlen überein, die sich bei obiger Berechnung ergeben. Ich nehme an, daß es sich dabei im wesentlichen um Abrundungen handelt. In der Übersicht nach PRODAN werden dann „mittlere Werte für k“ angegeben, die eine jeweilige Zusammenfassung aller Laubhölzer sowie der Fichte und Kiefer vorsehen. Die Zahlen für die Tanne werden getrennt angeführt.

Infolge dieser Mittelungen und Zusammenstellungen ist nach der dann folgenden Massenzuwachsprozenttabelle der p_v -Wert für Eiche 20 cm Durchmesser bei n = 4 auch 6,6 und nicht 6,3, bei n = 1 ebenso 26,5 und nicht 25,2, wie oben berechnet wurde. PRODAN betont ausdrücklich, und aus der angeführten Berechnung geht ebenfalls hervor, daß „die Prozente auf die Endwerte (Endbestandsmassen) bezogen sind“. Er folgert daher, daß man „die Zuwachsprozente ohne weiteres für die Zuwachsschätzung der darauffolgenden Periode anwenden“ könne.

PRODAN gibt am Schluß seiner Arbeit fünf Beispiele an, die „als Beweis der Brauchbarkeit der aufgestellten Tabellen“ in dem von ihm erläuterten Sinn dienen sollen. In diesen Beispielen stellt er das über den Massenzuwachs errechnete Massenzuwachsprozent dem nach seiner Methode über den Durchmesserzuwachs ermittelten Massenzuwachsprozent gegenüber, wobei er sich in beiden Fällen des SCHWAPPACH-WIEDEMANNschen Ertragstafelwerkes bedient.

Kiefer (SCHWAPPACH)
(III. Bon.)

Alter 60 Jahre N = 1388	d_m = 16,2		v = 209 fm
Alter 65 Jahre	15,2		243 fm
	z_d = 1,0		z_v = 34 fm

Die Berechnung über den Massenzuwachs ergibt ein p_v von 14%. Zur Berechnung des Massenzuwachses über den z_d muß in der Tabelle der Wert unter z_d = 10 mm und d_m = 17,2 benutzt werden. Es ergibt sich dann ein Wert von p_v = 16,6%. Da die Genauigkeit des Verfahrens nach PRODAN zwischen ±5–10% des Zuwachses liegen soll, ist also auch die Berechnung des Massenzuwachsprozentes in der angegebenen Art zulässig.

In diesen Beispielen befinden sich allerdings einige nicht erklärliche Abweichungen von den Tafelangaben. So ist z. B. die Stammzahl im Beispiel III Douglasie KANZOW, Alter 40 Jahre, nicht 753, sondern 756, und im Beispiel IV Eiche SCHWAPPACH II. Bonität, Alter 80 bzw. 85 Jahre, stimmt nur die Stammzahl mit der Ertragstafel überein, während die Durchmesser- und Massenwerte nicht aus der Tafel von SCHWAPPACH entnommen sein können.

Von grundsätzlicher Bedeutung ist die Tatsache, daß z_d nach PRODAN aus der Durchmesserdifferenz zwischen

d_m (verbleibender Bestand + ausscheidender Bestand im Endalter)
— d_m verbleibender Bestand im Anfangsalter

hergeleitet wird.

Die mit Masse oder Kreisfläche oder Stammzahl gewogenen Mitteldurchmesser aus verbleibendem und ausscheidendem Bestand wichen nun oft von den von PRODAN angegebenen Zahlen ab. Es war daher anzunehmen, daß PRODAN sich einer anderen Methode bedient hatte, um die in seinen Beispielen angegebenen Zahlen zu erhalten. Nach einigen Versuchen gelang es meinem Assistenten, Dipl.-Forstwirt Dr. DITTMAR, die Berechnung der Werte nachzukonstruieren.

Die Durchmesser von verbleibendem und ausscheidendem Bestand wurden dabei für das Ende einer Zuwachsperiode mit Hilfe des arithmetischen Massenmittelstammes errechnet.

Fichte (WIEDEMANN)
(I. Bon.)

Alter 80 Jahre N = 631	d_m = 30,7		v = 681 fm
	31,9		746 fm
	z_d = 1,2		z_v = 65 fm

Zunächst Berechnung des Massenmittelstammes für Alter 85 Jahre.

$$\frac{M^{85}}{N_{85}} = \frac{746 \text{ fm}}{631} = 1{,}182 \text{ fm} = v = g\,h\,f$$

Der Durchmesser des Massenmittelstammes wird als der Mitteldurchmesser der Gesamtmasse Alter 85 angesehen. Seine Berechnung:

$$1{,}182 \text{ fm} = g\,h\,f$$

Die h- und f-Werte werden aus der Ertragstafel für das Alter 85 verbleibender und ausscheidender Bestand genommen und mit den Stammzahlen gewogen.

$$\begin{array}{rl} 30{,}7 \text{ m} \cdot 571 = & 17\,529{,}7 \\ + \; 26{,}4 \text{ m} \cdot \;\; 60 = & \underline{\;\;1\,584{,}0} \\ & 19\,113{,}7 : (571 + 60) = 30{,}3 \text{ m} \\ & \text{also gewogene Mittelhöhe} \quad 30{,}3 \text{ m} \end{array}$$

$$\begin{array}{rl} 0{,}485 \cdot 571 = & 276{,}935 \\ + \; 0{,}508 \cdot \;\; 60 = & \underline{\;\;30{,}480} \\ & 307{,}415 : (571 + 60) = 0{,}487 \\ & \text{also gewogene Formzahl} = 0{,}487 \\ & \text{gewogene } h \cdot \text{gewogene } f = 14{,}7561 \end{array}$$

$$g = \frac{v}{h\ f} = \frac{1{,}182 \text{ fm}}{14{,}7561} = 0{,}0801 \text{ qm}$$

$$d_m = 31{,}94 \text{ cm}$$

$$\text{PRODAN} = 31{,}9 \text{ cm}$$

Rechnet man im Vergleich dazu nicht mit gewogenem h und f, so erhält man folgende Werte, wenn man die Ertragstafelmittelhöhe und Formzahl für verbleibenden Bestand Alter 85 zugrunde legt.

$$g = \frac{1{,}182}{(30{,}7 \text{ m} \cdot 0{,}485)} = \frac{1{,}182}{14{,}8895} = 0{,}0794 \text{ qm} = 31{,}8 \text{ cm}$$

PRODAN gibt zwar die am Beispiel gezeigte Berechnungsart nicht ausdrücklich an. Die errechneten Werte stimmen aber genau mit den Zahlen seiner Beispiele überein. Es kann daher angenommen werden, daß er die beschriebene Berechnungsart gewählt hat.

Eine Modifizierung der SCHNEIDERschen Formel war bei unseren Arbeiten insofern notwendig, als das Zuwachsprozent nicht für einen bestimmten cm-Bereich, sondern für eine stets gleichbleibende Zeitspanne gewonnen werden sollte. Zur Berechnung des durchschnittlichen Zuwachses mußte deshalb nicht die Zahl der Jahrringe pro Außenzentimeter, sondern die durchschnittliche Jahrringbreite während eines bestimmten Zeitraumes (hier 5 Jahre) gemittelt werden.

Rein formelmäßig ergibt sich also anstatt

$$p_g = \frac{400}{\text{Zahl der Jahrringe pro cm} \cdot d} = \frac{400}{n\,d}$$

$$p_g = \frac{400 \cdot \text{wirkl. Zuwachs}}{d} = \frac{400 \frac{r}{n}}{d}$$

und eine entsprechend veränderte Einsetzung der n-Werte. r ist hier der wirklich gemessene Durchmesserzuwachs der zu beobachtenden Periode, n die Zahl der Jahrringe für r.

Die in dieser Form vorgenommene Abänderung der SCHNEIDERschen Formel entspricht dem Vorschlag, den LOETSCH (8) inzwischen zur Diskussion gestellt hat. Die Berechnung ist allerdings von mir bereits zu einer Zeit durchgeführt worden, als die Arbeit von LOETSCH noch nicht vorlag.

Die grundsätzlichen Bedenken, die einer Verwendung der Konstanten nach PRODAN entgegenstehen könnten, liegen zweifellos darin, daß die Konstanten selbst in Anlehnung an den KRENNschen Tarif berechnet worden sind. Dieser drückt aber nur die normale „Entwicklung von Beständen" aus. Sobald krasse Änderungen des Durchforstungsgrades gegenüber einer normalen Entwicklung eintreten, können sich nach Untersuchungen KRENNs „bedeutendere Abweichungen" vom Tarif ergeben (14). Derartige starke Änderungen der Normalbehandlung liegen bei den von mir besprochenen Waldkomplexen zweifellos vor. Wenn das Verfahren nach SCHNEIDER-PRODAN trotzdem gewählt wurde, so deshalb, weil es praktisch zu Beginn der Untersuchungen die einzige Möglichkeit bot, überhaupt kurzfristig Einblick in die Zuwachsveränderung zu erhalten. Außerdem glaube ich sicher, daß die Einmaligkeit der Eingriffe in Verbindung mit der Kürze des Zeitraumes seit dem Eingriff nennenswerte Abweichungen unwahrscheinlich machen.

Bei unseren Arbeiten wurde nun nicht eine größere Anzahl von Stämmen mit den Durchmesserwerten des Kreisflächenmittelstammes angebohrt und eine arithmetische Mittelung der Durchmesserzuwüchse durchgeführt, sondern der Bestand wurde in Stärkeklassen von 5 zu 5 cm zerlegt. Für jede Stärkeklasse wurde der Kreisflächenmittelstamm berechnet und die Zuwachswerte dieses Stammes durch Anbohren von 2 Richtungen im Winkel von 45° zur längsten Achse des Stammquerschnittes ermittelt.

Da für jede Stärkeklasse etwa 3–4 Mittelstämme angebohrt wurden, ergab sich für jeden Bestand bei etwa 6–8 Stärkeklassen eine Inanspruchnahme von 18–32 Zuwachsprobestämmen. Gleichzeitig wurde der absolute Kreisflächenzuwachs jeder Probefläche durch Ermittlung des Durchmessers vor 5 Jahren mit Hilfe der Bohrspäne festgestellt. Die Grundflächen jeder Stärkestufe vor 5 Jahren und jetzt ergaben sich durch Multiplikation der gemittelten Kreisfläche des mittleren Stärkestufenstammes mit der Stammzahl der Stärkestufen. Aus der Summierung der Werte ließ sich auch die Grundfläche der gesamten Probefläche vor 5 Jahren feststellen und damit auch der absolute Grundflächenzuwachs der letzten 5 Jahre ermitteln.

Gewisse Bedenken verursachte bei der Verwendung der Formel von SCHNEIDER-PRODAN die Tatsache, daß der Kreisflächenmittelstamm eines Bestandes in einem bestimmten Alter niemals der gleiche Stamm wie der Kreisflächenmittelstamm zu Beginn der Periode ist, in der ein Aushieb stattfand. Der Durchmesserwert des Kreisflächenmittelstammes wird durch die rechnerische Verschiebung, die sich infolge der Aufnahme vieler schwacher Stämme ergibt, sehr stark beeinflußt. Am stärksten muß sich eine solche rechnerische Verschiebung bei starken Niederdurchforstungen und in den zuwachskräftigen Altern bemerkbar machen. Es war die Frage zu prüfen, ob es zulässig ist, aus dem Durchmesser- oder Kreisflächenzuwachs eines zu Beginn und während der n-jährigen Periode über dem Bestandesmittel liegenden Stammes auf den Massenzuwachs der gleichen Periode zu schließen. Das Massenzuwachsprozent, das sich auf diese Weise errechnet, kann höher liegen als das Massenzuwachsprozent, das sich für die gleiche Zeit aus der Massenveränderung selbst ergibt. Die zum Zweck der Prüfung dieser Frage durchgeführten Untersuchungen ergaben jedoch, daß die zu erwartenden Differenzen bei kleinen Zeitspannen relativ klein sind. Die PRODANschen k-Werte können daher m. E. unbedenklich verwendet werden. Geringe Abweichungen sind nur bei der Kiefer in den jüngsten Altersklassen zu erwarten, sie sind jedoch auch dort nicht so groß, daß die Verwendungsmöglichkeit der PRODAN-Zahlen in Frage gestellt wäre.

Die gefundenen Daten wurden tabellarisch zusammengefaßt. Dabei wurden für jede einzelne Fläche die genaue Ertragsklasse, das Alter und der Grundflächenschluß angegeben. Ferner sind in den Tabellen folgende Werte enthalten:

Stammzahl je Hektar, Mittelhöhe, mittlerer Durchmesser, mittlerer Durchmesser der Fläche vor 5 Jahren, Grundfläche des Mittelstammes, Grundfläche des Mittelstammes vor 5 Jahren, Grundfläche der Probefläche, Grundfläche je Hektar, Grundfläche der Fläche vor 5 Jahren, Grundfläche pro Hektar vor 5 Jahren, Derbholzmassenvorrat der Fläche, Derbholzmassenvorrat pro Hektar, Grundfläche und Masse nach der Ertragstafel sowie die mit dem wirklichen Grundflächenschluß reduzierte Ertragstafelmasse. Zum Schluß sind angegeben laufend periodischer Durchmesserzuwachs von 0–5 Jahren, Grundflächenzuwachs, Derbholzzuwachs und Derbholzzuwachsprozent pro Hektar, ferner der laufend jährliche Zuwachs an Grundfläche und an Derbholz sowie das laufend jährliche Zuwachsprozent an Derbholz pro Hektar. Damit umfassen die Tabellen alle Angaben, die für eine genaue zuwachsmäßige Auswertung der Flächen erforderlich sind.

Das Verfahren der gesamten Auswertung darf als zuverlässig gelten. Eine Bestätigung dafür findet sich insofern, als die gefundenen Massenzahlen, absoluten Zuwachszahlen und Zuwachsprozentzahlen ohne Schwierigkeiten in eine räumliche Übereinstimmung mit den Ertragstafelzahlen gebracht werden können. Das bei den Aufnahmen gewonnene Material konnte dank der großzügigen Unterstützung, die dem Forschungsvorhaben von seiten der staatlichen Stellen zuteil wurde, außerordentlich umfangreich sein.

Die Außenaufnahmen wurden in den Jahren 1952 bis 1954 von den Diplomforstwirten Friedrich FRANZ und Gunter LEMBCKE sowie den Revierförstern

Richard SÖGDING und Hans-Ulrich PAGEL durchgeführt. Sie wurden dabei von den einzelnen Staatlichen Forstwirtschaftsbetrieben, vor allem durch die Abordnung von Lehrlingsbrigaden, aber auch in anderer Weise sehr dankenswert unterstützt. Bei der Auswertung hatte ich große Hilfe durch die fleißige und interessierte Mitarbeit meiner Assistenten FRANZ, LEMBCKE und Dr. DITTMAR. Sie alle, und auch die Kollegen, die mit der Auswertung des Bohrspanmaterials und der Berechnung der Grundlagen beschäftigt waren, haben erheblichen Anteil an der Gesamtarbeit.

III. Grundflächenschluß und Zuwachs bei pfleglicher Auflockerung

1. Die Kiefer

In den waldbaulichen und ertragskundlichen Untersuchungen „Die Kiefer 1948“ von WIEDEMANN (23), die zweifellos als das umfassendste Werk über Wachstum und Zuwachs der Kiefer zu betrachten sind, wird bei der Erläuterung des Inhalts zum Ausdruck gebracht, daß sich alle in diesem Buche niedergelegten Untersuchungen mit den „normal durchforsteten, reinen und gleichaltrigen Kiefernbeständen“ befassen. Als normale Durchforstung wird nach den Ausführungen WIEDEMANNs die der Tafel von SCHWAPPACH 1908 (16) zugrunde liegende Behandlungsweise angenommen. WIEDEMANN erläutert die Abweichungen der damals neuen Kieferntafel 1948 von der alten SCHWAPPACH-Tafel für die einzelnen zuwachsbildenden Faktoren. Er kommt dabei zu folgenden Feststellungen:

a) Höhe, Kreisfläche und Masse des verbleibenden Bestandes bleiben bis auf geringe Veränderungen fast die gleichen wie in der Tafel 1908.
Es ist also für die Zwecke der Bonitierung, für die Berechnung des Grundflächenschlusses und für die Massenschätzung stehender Bestände gleichgültig, ob man die Tafel WIEDEMANN mäßige Durchforstung 1948 oder SCHWAPPACH 1908 verwendet.

b) Auf den besseren Ertragsklassen ist der laufende Zuwachs der neuen Tafel ähnlich dem der Tafel von SCHWAPPACH. Auf den geringen Ertragsklassen ist der laufend jährliche Massenzuwachs an Derbholz nach WIEDEMANN in den Altern bis zu 80 Jahren gegenüber dem laufend jährlichen Massenzuwachs nach der Tafel von SCHWAPPACH erheblich gesenkt. Von diesem Alter ab ist er dann etwas größer als der Zuwachs der Tafel von SCHWAPPACH.

c) Die Zuwachsveränderungen zwischen beiden Tafeln wirken sich in einer Veränderung der Massen des ausscheidenden Bestandes aus, da durch die Veränderungen des Zuwachsganges die Masse des verbleibenden Bestandes nicht nennenswert verschoben wird. Während auf den besseren Ertragsklassen die Gesamtmasse der Vorerträge kaum verändert wird, liegt sie auf den schlechten Ertragsklassen wesentlich tiefer.

d) Stammzahl und Durchmesser des verbleibenden Bestandes verschieben sich in der neuen Tafel insofern, als in der Jugend die Stammzahl meistens etwas niedriger und der Durchmesser dadurch etwas höher wird. In höheren Altern bleiben die Verhältnisse etwa die gleichen.

e) Die Gesamtleistung an Masse ist nach WIEDEMANN in der I. und II. Ertragsklasse wenig geringer als bei SCHWAPPACH. Dagegen fällt sie bis zur V. Bonität bis zu 14 % ab.

Bei der Besprechung der Abhängigkeit des Wachstums von der früheren Waldbehandlung geht WIEDEMANN zunächst auf die Wirkung der Streunutzung und auf das veränderte Wachstum der Kiefer auf früherem Ackerland ein.

Er bespricht dann ferner verhältnismäßig kurz die Möglichkeiten einer Senkung der Ertragsleistungen durch die Wahl einer bestimmten Waldaufbauform.

WIEDEMANN hat in seinem Buch nur an eine im Sinne der Durchforstungslehre pflegliche Behandlung der Kiefer gedacht. Eine solche pflegliche Behandlung muß auch angenommen werden für die starke Durchforstung und für die Lichtung, die lediglich allmählich in einen geringen Grundflächenschluß gegenüber der mäßigen Durchforstung überführt werden. Auch bei diesen beiden Behandlungsarten soll einmal durch die Wahl der Methode, dann aber auch durch die Begrenzung der Grundflächenabsenkung eine Schädigung der Zuwachspotenz ausgeschlossen bleiben.

Es ist zwar bereits ausgeführt worden, daß die Zuwachsveränderungen mit sinkendem Grundflächenschluß nicht den sich aus der Gegenüberstellung der Ertragstafelstufen – mäßig – stark – gelichtet – ergebenden Verhältnissen folgen, sondern daß wir eine Veränderung im Sinne der Bayrischen Hilfstafeln als richtig annehmen wollen. Ich glaube jedoch, daß es zweckmäßig war, die Grundgedanken der Kieferntafel 1948 von WIEDEMANN, wie es geschah, kurz zu erwähnen, bevor das Tabellenwerk erörtert wird.

Ich habe oben zum Ausdruck gebracht, daß meines Erachtens für die Berechnung des Zuwachses bei Grundflächenabsenkungen unter den normalen Bestockungsgrad bei der Kiefer folgende Daten als gültig zu betrachten sind:

Grundflächenschluß oder Vollbestandsfaktor	1.0	0.9	0.8	0.7	0.6	0.5	0.4
Kiefer	1.00	0.95	0.90	0.85	0.75	0.65	0.55

Diese Zahlen geben also nur die Zuwachsschlußabsenkung ohne Berücksichtigung der bei den verschiedenen Ertrags- und Altersklassen sich ergebenden Differenzen an.

Für die Praxis wird es oft von Wert sein, die beiden zuletzt genannten Faktoren zu berücksichtigen. Aus diesem Grunde habe ich Tabellen berechnet, aus denen bei den drei wichtigsten Holzarten Kiefer, Fichte und Buche für jede Ertragsklasse und für jedes Alter sowohl der absolut laufend jährliche Derbholzmassenzuwachs wie auch das Derbholzmassenzuwachsprozent abgelesen werden können. Die Durchschnittszahlen für die einzelnen Grundflächenschlüsse stimmen mit den oben angegebenen Werten überein. Die Berechnung der Kurven wurde so vorgenommen, daß ihr Verlauf den allgemein bekannten Zuwachskurven entspricht. Bis zu einem gewissen Grade wurde auch der Kurvenverlauf berücksichtigt, der sich bei der Auswertung des Zahlenmaterials der aufgenommenen Probeflächen ergab, die zur Berechnung der Zuwachskurven unter der Annahme einer unpfleglichen Bestandesbehandlung dienten. Bei Berücksichtigung dieser Faktoren ergaben sich folgende Zuwachstabellen:

Tabelle 4

Zuwachsschluß nach Ertragsklassen. Kiefer normal

	1.0	0.9	0.8	0.7	0.6	0.5	0.4
I. Ekl.	1.00	0.92	0.87	0.82	0.71	0.61	0.50
II. Ekl.	1.00	0.92	0.87	0.82	0.73	0.63	0.53
III. Ekl.	1.00	0.95	0.90	0.85	0.75	0.65	0.55
IV. Ekl.	1.00	0.98	0.93	0.88	0.77	0.67	0.57
V. Ekl.	1.00	0.98	0.93	0.88	0.79	0.69	0.60
	1.00	0.95	0.90	0.85	0.75	0.65	0.55

Ganz allgemein sind also die Zuwachsschlußabsenkungen am stärksten in der I. Ertragsklasse und am geringsten in der V. Ertragsklasse, wobei die Abstufungen von Ertragsklasse zu Ertragsklasse einigermaßen gleichmäßig gehalten wurden. Bei den Grundflächenschlüssen von 1.0 bis 0.7 einschließlich liegen allerdings die Zuwachsschlüsse für die I. und II. sowie für die IV. und V. Ertragsklasse auf gleicher Höhe, und erst bei den Grundflächenschlüssen von 0.6, 0.5 und 0.4 setzt eine gleichbleibende Abstufung ein.

Tabelle 5

Zuwachsschluß nach Ertragsklasse und Alter

I. Ertrags

Alter	1.0			0.9			0.8		
	M	m_z	m_z%	M	m_z	m_z%	M	m_z	m_z%
30	150			135			120		
		12.0	8.0		11.0	8.1		10.7	8.9
35	190			171			152		
		11.6	6.1		10.7	6.3		10.3	6.8
40	226			203			181		
		10.8	4.8		9.9	4.9		9.6	5.3
45	257			231			206		
		10.2	4.0		9.4	4.1		9.1	4.4
50	284			256			227		
		9.8	3.5		9.0	3.5		8.7	3.8
55	308			277			246		
		9.4	3.1		8.6	3.1		8.3	3.4
60	330			297			264		
		8.8	2.7		8.1	2.7		7.7	2.9
65	349			314			279		
		8.4	2.4		7.7	2.5		7.3	2.6
70	366			329			293		
		8.0	2.2		7.4	2.2		7.0	2.4
75	379			341			303		
		7.6	2.0		7.0	2.0		6.6	2.2
80	391			352			313		
		7.4	1.9		6.8	1.9		6.4	2.0
85	402			362			322		
		7.0	1.7		6.4	1.8		6.0	1.9
90	412			371			330		
		6.6	1.6		6.1	1.6		5.6	1.7
95	421			379			337		
		6.4	1.5		5.9	1.6		5.4	1.6
100	429			386			345		
		6.0	1.4		5.5	1.4		5.1	1.5
105	436			392			349		
		5.8	1.3		5.3	1.4		4.9	1.4
110	442			398			354		
		5.6	1.3		5.2	1.3		4.8	1.4
115	447			402			358		
		5.2	1.2		4.8	1.2		4.4	1.2
120	451			406			361		

bei Kiefer — normale Behandlung
klasse

	0.7			0.6			0.5			0.4	
M	m_z	m_z%	M	m_z	m_z%	M	m_z	m_z%	M	m_z	m_z%
105			90			75			60		
	10.3	9.8		9.1	10.1		8.1	10.8		6.6	11.0
133			114			95			76		
	10.0	7.5		8.8	7.7		7.8	8.2		6.3	8.3
158			136			113			90		
	9.3	5.9		8.2	6.0		7.2	6.4		5.9	6.6
180			154			129			103		
	8.7	4.8		7.7	5.0		6.7	5.2		5.6	5.4
199			170			142			114		
	8.2	4.1		7.3	4.3		6.4	4.5		5.4	4.7
216			185			154			123		
	7.9	3.7		6.9	3.7		6.0	3.9		5.1	4.1
231			198			165			132		
	7.4	3.2		6.5	3.3		5.5	3.3		4.7	3.6
244			209			175			140		
	7.0	2.9		6.0	2.9		5.1	2.9		4.4	3.1
256			220			183			146		
	6.6	2.6		5.7	2.6		4.7	2.6		4.1	2.8
265			227			190			152		
	6.2	2.3		5.2	2.3		4.4	2.3		4.0	2.6
274			235			196			156		
	5.9	2.2		5.0	2.1		4.2	2.1		3.5	2.2
281			241			201			161		
	5.5	2.0		4.8	2.0		4.0	2.0		3.2	2.0
288			247			206			165		
	5.2	1.8		4.4	1.8		3.8	1.8		2.9	1.8
295			253			211			168		
	5.0	1.7		4.2	1.7		3.5	1.7		2.8	1.7
300			257			215			172		
	4.7	1.6		3.9	1.5		3.2	1.5		2.5	1.5
305			262			218			174		
	4.5	1.5		3.8	1.4		3.1	1.4		2.4	1.4
309			265			221			177		
	4.4	1.4		3.6	1.4		3.0	1.4		2.3	1.3
313			268			224			179		
	4.1	1.3		3.4	1.3		2.8	1.2		2.1	1.2
316			271			226			180		

Tabelle 5

Zuwachsschluß nach Ertragsklasse und Alter

II. Ertrags

Alter	1.0			0.9			0.8		
	M	m_z	m_z %	M	m_z	m_z %	M	m_z	m_z %
30	105			95			84		
		9.3	11.3		8.3	8.6		7.8	9.3
35	143			129			114		
		9.1	7.2		8.2	6.3		7.7	6.8
40	175			158			140		
		8.9	5.3		8.0	5.0		7.6	5.4
45	204			184			163		
		8.5	4.3		7.7	4.1		7.2	4.4
50	228			205			182		
		7.9	3.6		7.3	3.5		6.8	3.7
55	248			223			198		
		7.5	3.1		6.9	3.0		6.5	3.3
60	266			239			213		
		7.1	2.7		6.6	2.7		6.2	2.9
65	282			254			226		
		6.9	2.4		6.4	2.5		6.0	2.7
70	296			266			237		
		6.7	2.2		6.2	2.3		5.8	2.4
75	309			278			247		
		6.5	2.0		6.0	2.2		5.7	2.3
80	322			290			258		
		6.2	1.9		5.8	2.0		5.5	2.1
85	333			300			266		
		6.0	1.8		5.5	1.8		5.3	2.0
90	343			309			274		
		5.8	1.7		5.4	1.7		5.1	1.9
95	352			317			282		
		5.4	1.6		5.0	1.6		4.8	1.7
100	358			322			286		
		5.1	1.5		4.7	1.5		4.6	1.6
105	362			326			290		
		4.9	1.4		4.6	1.4		4.4	1.5
110	365			329			292		
		4.6	1.4		4.4	1.3		4.1	1.4
115	366			329			293		
		4.4	1.3		4.2	1.3		4.0	1.4
120	367			330			294		

bei Kiefer — normale Behandlung
klasse

	0.7			0.6			0.5			0.4	
M	m_z	m_z %	M	m_z	m_z %	M	m_z	m_z %	M	m_z	m_z %
74			63			53			42		
	7.4	10.0		7.0	11.1		6.1	11.5		5.3	12.6
100			86			72			57		
	7.4	7.4		6.8	7.9		6.0	8.3		5.1	8.9
123			105			88			70		
	7.2	5.9		6.6	6.3		5.9	6.7		5.0	7.1
143			122			102			82		
	6.9	4.8		6.3	5.2		5.5	5.4		4.7	5.7
160			137			114			91		
	6.5	4.1		5.8	4.2		5.1	4.5		4.3	4.7
174			149			124			99		
	6.2	3.6		5.6	3.8		4.8	3.9		4.1	4.1
186			160			133			106		
	5.8	3.1		5.3	3.3		4.5	3.4		3.9	3.7
197			169			141			113		
	5.7	2.9		5.0	3.0		4.4	3.1		3.7	3.3
207			178			148			118		
	5.5	2.7		4.9	2.8		4.2	2.8		3.6	3.1
216			185			155			124		
	5.3	2.5		4.7	2.5		4.1	2.6		3.4	2.7
225			193			161			129		
	5.1	2.3		4.5	2.3		3.8	2.4		3.2	2.5
233			200			167			133		
	5.0	2.1		4.4	2.2		3.7	2.2		3.1	2.3
240			206			172			137		
	4.8	2.0		4.2	2.0		3.5	2.0		2.9	2.1
246			211			176			141		
	4.5	1.8		3.9	1.8		3.3	1.9		2.7	1.9
251			215			179			143		
	4.2	1.7		3.7	1.7		3.1	1.7		2.5	1.7
253			217			181			145		
	4.1	1.6		3.5	1.6		2.9	1.6		2.3	1.6
256			219			183			146		
	3.9	1.5		3.3	1.5		2.7	1.5		2.2	1.5
256			220			183			146		
	3.7	1.4		3.1	1.4		2.6	1.4		2.1	1.4
257			220			184			147		

Tabelle 5

Zuwachsschluß nach Ertragsklasse und Alter

III. Ertrags

Alter	1.0			0.9			0.8		
	M	m_z	m_z %	M	m_z	m_z %	M	m_z	m_z %
30	64			58			51		
		7.2	11.3		7.0	12.2		6.7	13.3
35	97			87			78		
		7.0	7.2		6.8	7.9		6.4	8.5
40	126			113			101		
		6.7	5.3		6.5	5.8		6.1	6.1
45	151			136			121		
		6.3	4.3		6.0	4.5		5.8	4.9
50	174			157			139		
		6.2	3.6		5.9	3.8		5.6	4.1
55	193			174			154		
		6.0	3.1		5.8	3.3		5.4	3.6
60	210			189			168		
		5.7	2.7		5.5	2.9		5.3	3.1
65	225			203			180		
		5.5	2.4		5.3	2.6		5.0	2.8
70	238			214			190		
		5.3	2.2		5.0	2.3		4.8	2.5
75	249			224			199		
		5.1	2.0		4.8	2.1		4.6	2.3
80	258			232			206		
		4.9	1.9		4.7	2.0		4.4	2.1
85	266			239			213		
		4.7	1.8		4.4	1.8		4.2	2.0
90	272			245			218		
		4.6	1.7		4.3	1.8		4.1	1.9
95	278			250			222		
		4.4	1.6		4.1	1.6		3.9	1.8
100	282			254			226		
		4.3	1.5		4.0	1.6		3.7	1.7
105	285			257			228		
		4.1	1.4		3.8	1.5		3.5	1.6
110	287			258			230		
		4.0	1.4		3.7	1.4		3.4	1.5
115	288			259			230		
		3.8	1.3		3.5	1.4		3.3	1.4
120	288			259			230		

bei Kiefer — normale Behandlung

klasse

M	0.7 m_z	m_z %	M	0.6 m_z	m_z %	M	0.5 m_z	m_z %	M	0.4 m_z	m_z %
45			38			32			26		
	6.4	14.2		5.6	15.0		4.9	15.3		4.2	16.2
68			58			49			39		
	6.2	9.1		5.7	9.5		4.7	9.6		4.1	10.5
88			76			63			50		
	5.9	6.7		5.1	6.8		4.5	7.1		3.9	7.8
106			91			76			60		
	5.5	5.2		4.8	5.4		4.2	5.5		3.6	6.0
122			104			87			70		
	5.4	4.4		4.7	4.6		4.1	4.7		3.5	5.0
135			116			97			77		
	5.2	3.9		4.6	4.0		4.0	4.1		3.4	4.4
147			126			105			84		
	4.9	3.3		4.3	3.4		3.8	3.6		3.2	3.8
158			135			113			90		
	4.7	3.0		4.2	3.1		3.6	3.2		3.1	3.4
167			143			119			95		
	4.5	2.7		4.0	2.8		3.4	2.9		2.9	3.1
174			149			125			100		
	4.3	2.5		3.8	2.6		3.3	2.6		2.8	2.8
181			155			129			103		
	4.1	2.3		3.7	2.4		3.1	2.4		2.6	2.5
186			160			133			106		
	3.9	2.1		3.5	2.2		3.0	2.3		2.5	2.4
190			163			136			109		
	3.8	2.0		3.4	2.1		2.9	2.1		2.5	2.3
195			167			139			111		
	3.7	1.9		3.2	1.9		2.8	2.0		2.3	2.1
197			169			141			113		
	3.6	1.8		3.1	1.8		2.7	1.9		2.3	2.0
200			171			143			114		
	3.4	1.7		3.0	1.8		2.5	1.7		2.1	1.8
201			172			144			115		
	3.2	1.6		2.8	1.6		2.5	1.7		2.1	1.8
202			173			144			115		
	3.1	1.5		2.7	1.6		2.3	1.6		2.0	1.7
202			173			144			115		

Tabelle 5

Zuwachsschluß nach Ertragsklasse und Alter

IV. Ertrags

Alter	1.0			0.9			0.8		
	M	m_z	m_z %	M	m_z	m_z %	M	m_z	m_z %
30	21			19			17		
		4.8	22.9		4.7	25.3		4.4	26.4
35	45			41			36		
		4.8	10.7		4.7	11.7		4.5	12.8
40	68			61			54		
		4.9	7.2		4.8	8.0		4.6	8.7
45	90			81			72		
		4.9	5.4		4.9	6.0		4.7	6.5
50	112			101			90		
		4.8	4.3		4.8	4.8		4.6	5.1
55	131			118			105		
		4.6	3.5		4.6	3.9		4.4	4.2
60	148			133			118		
		4.6	3.1		4.6	3.5		4.4	3.7
65	163			147			130		
		4.4	2.7		4.4	3.0		4.2	3.2
70	176			158			141		
		4.4	2.5		4.4	2.8		4.1	2.9
75	188			169			150		
		4.2	2.2		4.2	2.5		3.9	2.6
80	198			178			158		
		4.2	2.1		4.1	2.3		3.9	2.5
85	207			186			166		
		4.0	1.9		3.9	2.1		3.7	2.2
90	213			192			170		
		3.9	1.8		3.8	2.0		3.6	2.1
95	218			196			174		
		3.7	1.7		3.6	1.8		3.4	2.0
100	222			200			178		
		3.6	1.6		3.5	1.8		3.3	1.9
105	224			202			179		
		3.4	1.5		3.2	1.6		3.1	1.7
110	225			203			180		
		3.4	1.5		3.2	1.6		3.0	1.7
115	225			203			180		
		3.2	1.4		3.0	1.5		2.8	1.6
120	223			201			178		

bei Kiefer — normale Behandlung
klasse

	0.7			0.6			0.5			0.4	
M	m_z	m_z %	M	m_z	m_z %	M	m_z	m_z %	M	m_z	m_z %
15			13			11			8		
	4.2	28.0		3.6	28.5		3,2	29.1		2.7	33.8
32			27			23			18		
	4.3	13.4		3.6	13.7		3.3	14.3		2.8	15.6
48			41			34			27		
	4.4	9.2		3.8	9.5		3.4	10.0		2.9	10.7
63			54			45			36		
	4.4	7.0		3.8	7.2		3.4	7.6		2.9	8.1
78			67			56			45		
	4.3	5.5		3.7	5.7		3.4	6.1		2.9	6.4
92			79			66			52		
	4.1	4.5		3.7	4.7		3.2	4.8		2.8	5.4
104			89			74			59		
	4.1	3.9		3.6	4.2		3.2	4.3		2.7	4.6
114			98			82			65		
	4.0	3.5		3.5	3.6		3.0	3.7		2.6	4.0
123			106			88			70		
	3.9	3.2		3.5	3.3		3.0	3.4		2.6	3.7
132			113			94			75		
	3.7	2.8		3.3	2.9		2.9	3.1		2.4	3.2
139			119			99			79		
	3.7	2.7		3.3	2.8		2.8	2.8		2.4	3.0
145			124			104			83		
	3.5	2.4		3.1	2.5		2.6	2.5		2.2	2.6
149			128			107			85		
	3.4	2.3		3.0	2.3		2.6	2.4		2.2	2.6
153			131			109			87		
	3.2	2.1		2.8	2.1		2.4	2.2		2.0	2.3
155			133			111			89		
	3.1	2.0		2.7	2.0		2.3	2.1		2.0	2.2
157			134			112			90		
	2.9	1.8		2.5	1.9		2.2	2.0		1.8	2.0
158			135			113			90		
	2.9	1.8		2.5	1.9		2.1	1.9		1.8	2.0
158			135			113			90		
	2.7	1.7		2.3	1.7		2.0	1.8		1.7	1.9
156			134			112			89		

Tabelle 5

Zuwachsschluß nach Ertragsklasse und Alter

V. Ertrags

Alter		1.0			0.9			0.8	
	M	m_z	m_z %	M	m_z	m_z %	M	m_z	m_z %
30		2.4			2.4			2.3	
35	12			11			10		
		3.0	25.0		3.0	27.3		2.8	28.0
40	27			24			22		
		3.2	11.9		3.2	13.3		3.0	13.6
45	43			39			34		
		3.4	7.9		3.4	8.7		3.2	9.4
50	60			54			48		
		3.5	5.8		3.5	6.5		3.3	6.9
55	76			68			61		
		3.5	4.6		3.5	5.1		3.3	5.4
60	92			83			74		
		3.6	3.9		3.5	4.2		3.3	4.5
65	107			96			86		
		3.6	3.4		3.5	3.6		3.3	3.8
70	120			108			96		
		3.6	3.0		3.5	3.2		3.3	3.4
75	131			118			105		
		3.4	2.6		3.3	2.8		3.2	3.0
80	140			126			112		
		3.4	2.4		3.3	2.6		3.2	2.9
85	148			133			118		
		3.2	2.2		3.1	2.3		3.0	2.5
90	155			140			124		
		3.0	1.9		2.9	2.1		2.8	2.3
95	160			144			128		
		2.8	1.8		2.7	1.9		2.6	2.0
100	163			147			130		
		2.6	1.6		2.5	1.7		2.4	1.8
105	164			148			131		
		2.4	1.5		2.3	1.6		2.2	1.7
110	164			148			131		
		2.3	1.4		2.2	1.5		2.1	1.6
115	162			146			130		
		2.1	1.3		2.0	1.4		1.9	1.5
120	160			144			128		

bei Kiefer — normale Behandlung

klasse

	0.7			0.6			0.5			0.4	
M	m_z	m_z %	M	m_z	m_z %	M	m_z	m_z %	M	m_z	m_z %
	2.1			1.9			1.7			1.5	
8			7			6			5		
	2.7	33.8		2.4	34.3		2.1	35.0		1.9	38.0
19			16			14			11		
	2.9	15.3		2.6	16.2		2.3	16.4		2.0	18.2
30			26			22			17		
	3.0	10.0		2.7	10.4		2.4	10.9		2.1	12.4
42			36			30			24		
	3.1	7.4		2.8	7.8		2.4	8.0		2.1	8.8
53			46			38			30		
	3.1	5.8		2.8	6.1		2.4	6.3		2.1	7.00
64			55			46			37		
	3.2	5.0		2.8	5.1		2.5	5.4		2.2	5.9
75			64			54			43		
	3.2	4.3		2.8	4.4		2.5	4.6		2.2	5.1
84			72			60			48		
	3.2	3.8		2.8	3.9		2.5	4.2		2.2	4.6
92			79			66			52		
	3.0	3.3		2.7	3.4		2.3	3.5		2.0	3.8
98			84			70			56		
	3.0	3.1		2.7	3.2		2.3	3.3		2.0	3.6
104			89			74			59		
	2.8	2.7		2.5	2.8		2.2	3.0		1.9	3.2
109			93			78			62		
	2.6	2.4		2.3	2.5		2.0	2.6		1.8	2.9
112			96			80			64		
	2.4	2.1		2.2	2.3		1.9	2.4		1.7	2.7
114			98			82			65		
	2.3	2.0		2.0	1.8		1.8	2.2		1.5	2.3
115			98			82			66		
	2.1	1.8		1.8	1.8		1.6	2.0		1.4	2.1
115			98			82			66		
	2.0	1.7		1.8	1.8		1.5	1.8		1.3	2.0
113			97			81			65		
	1.8	1.6		1.6	1.6		1.4	1.7		1.2	1.8
112			96			80			64		

2. Die Fichte

Die Zweckmäßigkeit der Erarbeitung einer neuen Fichtenertragstafel leitete WIEDEMANN im Jahre 1936 vornehmlich aus der gänzlich veränderten Auffassung von der richtigen Behandlung der Fichte ab, die seit dem Jahre 1902 eingetreten war (21). Als Grundlage benutzte er das gleiche langfristige Versuchsflächenwerk, das schon SCHWAPPACH für die Erarbeitung der Fichtentafeln von 1890 und 1902 zur Verfügung gestanden hatte, wenn auch infolge der gerade bei der Fichte starken Gefährdung durch Sturm, Schnee usw. viele Flächen inzwischen ausgefallen und durch Neuanlage anderer ergänzt waren. Die aus der Zeit SCHWAPPACHs stammenden Fichtenflächen sind im Laufe des Bestandeslebens recht verschiedenartig behandelt worden. Wie WIEDEMANN mitteilt, wurden in den Jahren von 1875 bis 1890 die Unterschiede zwischen den einzelnen Durchforstungsgraden stark betont, während SCHWAPPACH anschließend bis etwa 1900 allgemein stärkere Eingriffe auch in die Flächen schwacher Durchforstung bevorzugte, so daß die Unterschiede sich verringerten. Erst später erfolgte bei den einzelnen Eingriffen wieder eine Staffelung nach Durchforstungsgraden. Die Flächen sind also nicht gleichmäßig durchforstet worden, sondern haben eine etwas wechselnde Behandlung erfahren. Wesentlich ist ferner, daß die Eingriffe allgemein verhältnismäßig stark waren, so daß die Grundflächenhaltungen des verbleibenden Bestandes sehr viel geringer sind als etwa auf süddeutschen Flächen.

Dieser Entwicklung der Flächen folgen auch die grundsätzlichen Konzeptionen der Ertragstafeln. Die Tafel SCHWAPPACH 1890 gibt den Wachstumsgang der damals als normal betrachteten geschlossenen Fichtenbestände wieder, während in der Tafel SCHWAPPACH 1902 die kräftigeren Eingriffe und die Bemühungen zur Pflege des Einzelstamms ihren Ausdruck fand. Stammzahlen und Massen des verbleibenden Bestandes sind erheblich niedriger als 1890.

Die Tafel für mäßige Durchforstung WIEDEMANN 1936 gleicht in Stammzahl, Mittelhöhe und Grundfläche fast genau der Tafel SCHWAPPACH 1902. Trotzdem sind die Vorerträge in den Altern 60–100 bei WIEDEMANN sehr viel geringer, und damit ist auch die Gesamtleistung gesenkt. Die Gründe für diese Reduktionen liegen darin, daß WIEDEMANN ein sehr viel umfangreicheres Material zur Verfügung stand, so daß eine richtigere Zuwachserfassung möglich war. Die Tafel 1936 B bringt eine Grundflächenverminderung um etwa 7 qm im Alter 100 gegenüber der Tafel A und eine entsprechende Veränderung der übrigen Werte.

Für die Fichte sind aus schon genannten Gründen bei der Berechnung der Zuwachsveränderung im pfleglichen Sinn die Leistungsunterschiede zwischen mäßiger und starker Durchforstung zur Grundlage gewählt worden. Der Grundflächenschluß starke zu mäßige Durchforstung beträgt durchweg ungefähr 0.7; für die unter 0.7 liegenden Bestockungsgrade wurden mangels besonderer Berechnungsmöglichkeiten ebenso wie bei der Kiefer die Zuwachsschlüsse der Fichte aus den Bayrischen Hilfstafeln (3) entnommen. Der Übergang im Zuwachsschluß von 0.7 zu 0.6 Grundflächenschluß vollzieht sich zwar nicht ganz gleichmäßig, jedoch wurde von einem

Ausgleich abgesehen, da eine Zuwachsschlußverminderung im linearen Sinn zweifellos nicht eintritt und die Festlegung nach Schätzung sicherlich keinen genaueren Wert gibt.

Demzufolge gilt für die Fichte folgende Zahlenreihe:

Grundflächenschluß oder Vollbestandsfaktor	1.0	0.9	0.8	0.7	0.6	0.5	0.4
Fichte	1.00	0.95	0.92	0.84	0.80	0.65	0.50

Die Aufschlüsselung der Zahlen auf die Ertragsklassen und Alter, die technisch ebenso wie bei der Kiefer vorgenommen wurde, ergab folgende Zahlen:

Tabelle 6

Zuwachsschluß nach Ertragsklassen. Fichte normal

	1.0	0.9	0.8	0.7	0.6	0.5	0.4
I. Ekl.	1.00	0.92	0.90	0.82	0.78	0.65	0.50
II. Ekl.	1.00	0.95	0.92	0.84	0.80	0.68	0.52
III. Ekl.	1.00	0.95	0.92	0.84	0.80	0.66	0.52
IV. Ekl.	1.00	0.98	0.94	0.86	0.82	0.61	0.46
	1.00	0.95	0.92	0.84	0.80	0.65	0.50

Tabelle 7

Zuwachsschluß nach Ertragsklasse und Alter

I. Ertrags

Alter	1.0			0.9			0.8		
	M	m_z	m_z %	M	m_z	m_z %	M	m_z	m_z %
50	423			381			338		
		16.2	3.8		15.2	4.0		14.9	4.4
55	478			430			382		
		15.6	3.3		14.7	3.4		14.4	3.8
60	529			476			423		
		14.8	2.8		13.9	2.9		13.6	3.2
65	574			517			459		
		14.6	2.5		13.6	2.6		13.3	2.9
70	615			554			492		
		14.0	2.3		13.0	2.3		12.7	2.6
75	650			585			520		
		13.6	2.1		12.6	2.2		12.4	2.4
80	681			613			545		
		13.0	1.9		12.0	2.0		11.7	2.1
85	706			635			565		
		12.2	1.7		11.2	1.8		11.0	1.9
90	725			652			580		
		11.9	1.6		10.9	1.7		10.7	1.8
95	741			667			593		
		11.8	1.6		10.7	1.6		10.5	1.8
100	754			679			603		
		10.8	1.4		9.8	1.4		9.6	1.6
105	761			685			609		
		10.4	1.4		9.5	1.4		9.3	1.5
110	765			688			612		
		10.0	1.3		9.0	1.3		8.8	1.4
115	767			690			614		
		9.6	1.3		8.5	1.2		8.4	1.4
120	767			690			614		

bei Fichte — normale Behandlung
klasse

	0.7			0.6			0.5			0.4	
M	m_z	m_z %	M	m_z	m_z %	M	m_z	m_z %	M	m_z	m_z %
296			254			212			169		
	13.6	4.6		12.6	5.0		10.4	4.9		7.3	4.3
335			287			239			191		
	13.1	3.9		12.2	4.3		10.1	4.2		7.3	3.8
370			317			264			212		
	12.4	3.4		11.5	3.6		9.8	3.7		7.1	3.3
402			344			287			230		
	12.1	3.0		11.4	3.3		9.6	3.3		7.2	3.1
430			369			308			246		
	11.6	2.7		11.1	3.0		9.2	3.0		7.0	2.8
455			390			325			260		
	11.3	2.5		10.7	2.7		9.1	2.8		6.9	2.7
477			409			340			272		
	10.7	2.2		10.3	2.5		8.7	2.6		6.6	2.4
494			424			353			282		
	10.0	2.0		9.6	2.3		8.2	2.3		6.3	2.2
508			435			362			290		
	9.8	1.9		9.3	2.1		7.9	2.2		6.2	2.1
519			445			370			296		
	9.6	1.8		9.2	2.1		7.7	2.1		6.1	2.1
528			452			377			302		
	8.7	1.6		8.3	1.8		6.9	1.8		5.6	1.9
533			457			380			304		
	8.4	1.6		8.0	1.8		6.6	1.7		5.3	1.7
536			459			382			306		
	8.0	1.5		7.6	1.7		6.3	1.6		5.0	1.6
537			460			384			307		
	7.6	1.4		7.3	1.6		6.0	1.6		4.7	1.5
537			460			384			307		

Tabelle 7

Zuwachsschluß nach Ertragsklasse und Alter

II. Ertrags

Alter	1.0			0.9			0.8		
	M	m_z	m_z %	M	m_z	m_z %	M	m_z	m_z %
50	311			280			249		
		14.0	4.5		13.4	4.8		13.2	5.3
55	362			326			290		
		13.6	3.8		13.1	4.0		12.8	4.4
60	410			369			328		
		13.0	3.2		12.5	3.4		12.2	3.7
65	453			408			362		
		12.2	2.7		11.7	2.9		11.3	3.1
70	489			440			391		
		11.8	2.4		11.3	2.6		11.0	2.8
75	519			467			415		
		10.8	2.1		10.3	2.2		9.9	2.2
80	542			488			434		
		10.6	2.0		10.1	2.1		9.8	2.3
85	561			505			449		
		10.0	1.8		9.5	1.9		9.2	2.0
90	576			518			461		
		9.6	1.7		9.1	1.8		8.8	1.9
95	589			530			471		
		9.4	1.6		8.8	1.7		8.6	1.8
100	600			540			480		
		9.2	1.5		8.6	1.6		8.4	1.8
105	609			548			487		
		8.4	1.4		7.9	1.4		7.6	1.6
110	613			552			490		
		8.2	1.3		7.7	1.4		7.4	1.5
115	616			554			493		
		8.0	1.3		7.5	1.4		7.2	1.5
120	619			557			495		

bei Fichte — normale Behandlung
klasse

	0.7			0.6			0.5			0.4	
M	m_z	m_z %	M	m_z	m_z %	M	m_z	m_z %	M	m_z	m_z %
218	12.0	5.5	187	11.1	5.9	156	8.8	5.6	124	6.4	5.2
253	11.7	4.6	217	10.9	5.0	181	8.8	4.9	145	6.5	4.5
287	11.2	3.9	246	10.5	4.3	205	8.7	4.2	164	6.5	4.0
317	10.4	3.3	272	9.9	3.6	226	8.3	3.7	181	6.3	3.5
342	10.0	2.9	293	9.6	3.3	244	8.1	3.3	196	6.3	3.2
363	9.1	2.5	311	8.7	2.8	260	7.6	2.9	208	5.8	2.8
379	8.9	2.3	325	8.6	2.6	271	7.5	2.8	217	5.8	2.7
393	8.4	2.1	337	8.1	2.4	280	7.1	2.5	224	5.6	2.5
403	8.1	2.0	346	7.8	2.3	288	6.7	2.3	230	5.4	2.3
412	7.8	1.9	353	7.5	2.1	294	6.5	2.2	236	5.2	2.2
420	7.6	1.8	360	7.4	2.1	300	6.3	2.1	240	4.9	2.0
426	6.9	1.6	365	6.6	1.8	304	5.6	1.8	244	4.4	1.8
429	6.7	1.6	368	6.4	1.7	306	5.4	1.8	245	4.1	1.7
431	6.6	1.5	370	6.2	1.7	308	5.2	1.7	246	3.9	1.6
433			371			310			248		

Tabelle 7

Zuwachsschluß nach Ertragsklasse und Alter

III. Ertrags

Alter	1.0 M	1.0 m_z	1.0 m_z %	0.9 M	0.9 m_z	0.9 m_z %	0.8 M	0.8 m_z	0.8 m_z %
50	203			183			162		
		12.0	5.9		11.5	6.3		11.2	7.0
55	249			224			199		
		11.6	4.6		11.1	5.0		10.9	5.5
60	292			263			234		
		11.2	3.8		10.8	4.1		10.5	4.5
65	331			298			265		
		10.6	3.2		10.2	3.4		9.9	3.7
70	365			328			292		
		10.2	2.8		9.8	3.0		9.5	3.3
75	394			355			320		
		10.0	2.5		9.5	2.7		9.2	2.9
80	418			376			334		
		9.6	2.3		9.1	2.4		8.8	2.6
85	438			394			350		
		9.4	2.1		8.9	2.3		8.6	2.5
90	456			410			365		
		9.2	2.0		8.7	2.1		8.5	2.3
95	471			424			377		
		8.8	1.9		8.3	2.0		8.0	2.1
100	483			435			386		
		8.2	1.7		7.7	1.8		7.5	1.9
105	491			442			393		
		8.0	1.6		7.5	1.7		7.2	1.8
110	498			448			398		
		7.6	1.5		7.1	1.6		6.8	1.7
115	504			454			403		
		7.2	1.4		6.8	1.5		6.5	1.6
120	507			456			406		

bei Fichte — normale Behandlung
klasse

	0.7			0.6			0.5			0.4	
M	m_z	m_z %	M	m_z	m_z %	M	m_z	m_z %	M	m_z	m_z %
142			122			102			81		
	10.3	7.3		9.5	7.8		7.6	7.4		5.9	7.3
174			149			124			100		
	10.0	5.7		9.3	6.2		7.4	6.0		5.7	5.7
204			175			146			117		
	9.6	4.7		9.1	5.2		7.3	5.0		5.6	4.8
232			199			166			132		
	9.0	3.9		8.6	4.3		6.9	4.2		5.3	4.0
256			219			182			146		
	8.7	3.4		8.3	3.8		6.6	3.6		5.2	3.6
276			236			197			158		
	8.4	3.0		8.1	3.4		6.6	3.4		5.2	3.3
293			251			209			167		
	8.1	2.8		7.8	3.1		6.3	3.0		5.0	3.0
307			263			219			175		
	7.9	2.1		7.6	2.9		6.2	2.8		4.9	2.8
319			274			228			182		
	7.7	2.4		7.5	2.7		6.1	2.7		4.9	2.7
330			283			236			188		
	7.3	2.2		7.0	2.5		5.9	2.5		4.7	2.5
338			290			242			193		
	6.8	2.0		6.6	2.3		5.5	2.3		4.4	2.3
344			295			245			196		
	6.6	1.9		6.3	2.1		5.4	2.2		4.3	2.2
349			299			249			199		
	6.2	1.8		5.9	2.0		5.2	2.1		4.2	2.1
353			302			252			202		
	5.9	1.7		5.5	1.8		4.9	1.9		4.0	2.0
355			304			254			203		

Tabelle 7

Zuwachsschluß nach Ertragsklasse und Alter

IV. Ertrags

Alter	1.0			0.9			0.8		
	M	m_z	m_z %	M	m_z	m_z %	M	m_z	m_z %
50	129			116			103		
		9.2	7.1		8.9	7.7		8.5	8.3
55	167			150			134		
		9.2	5.5		8.9	5.9		8.5	6.3
60	203			183			162		
		9.0	4.4		8.7	4.8		8.3	5.1
65	234			211			187		
		8.8	3.8		8.5	4.0		8.2	4.4
70	261			235			209		
		8.6	3.3		8.3	3.5		8.0	3.8
75	284			256			227		
		8.4	3.0		8.2	3.2		7.9	3.5
80	304			274			243		
		8.2	2.7		8.0	2.9		7.7	3.2
85	321			289			257		
		8.0	2.5		7.8	2.7		7.5	2.9
90	335			302			268		
		7.8	2.3		7.6	2.5		7.3	2.7
95	348			313			278		
		7.6	2.2		7.5	2.4		7.2	2.6
100	360			324			288		
		7.0	1.9		6.9	2.1		6.6	2.3
105	368			331			294		
		6.2	1.7		6.1	1.8		6.0	2.0
110	373			336			298		
		5.6	1.5		5.5	1.6		5.4	1.8
115	375			338			300		
		4.8	1.3		4.8	1.4		4.6	1.5
120	373			336			298		

bei Fichte — normale Behandlung

klasse

	0.7			0.6			0.5			0.4	
M	m_z	m_z %	M	m_z	m_z %	M	m_z	m_z %	M	m_z	m_z %
90			77			64			52		
	7.8	8.7		7.4	9.6		5.3	8.3		4.2	8.1
117			100			84			67		
	7.8	6.7		7.4	7.4		5.4	6.4		4.2	6.3
142			122			102			81		
	7.7	5.4		7.2	5.9		5.4	5.3		4.1	5.1
164			140			117			94		
	7.5	4.6		7.1	5.1		5.3	4.5		4.0	4.3
183			157			130			104		
	7.3	4.0		7.0	4.5		5.2	4.0		4.0	3.8
199			170			142			114		
	7.2	3.6		6.9	4.1		5.1	3.6		3.9	3.4
213			182			152			122		
	7.1	3.3		6.7	3.7		5.0	3.3		3.8	3.1
225			193			160			128		
	6.9	3.1		6.6	3.4		4.9	3.1		3.7	2.9
234			201			168			134		
	6.7	2.9		6.4	3.2		4.8	2.9		3.6	2.7
244			209			174			139		
	6.6	2.7		6.3	3.0		4.7	2.7		3.5	2.5
252			216			180			144		
	6.1	2.4		5.8	2.7		4.3	2.4		3.2	2.2
258			221			184			147		
	5.4	2.1		5.2	2.4		3.9	2.1		2.9	2.0
261			224			186			149		
	4.9	1.9		4.7	2.1		3.5	1.9		2.6	1.7
262			225			188			150		
	4.2	1.6		4.0	1.8		3.1	1.6		2.2	1.5
261			224			186			149		

3. Die Buche

Auch für die Buche liegen bekanntlich in Norddeutschland zwei grundlegende Bearbeitungen vor, nämlich die Abhandlungen von SCHWAPPACH und WIEDEMANN aus den Jahren 1911 und 1931 (17, 22). Die Behandlung der Buchenversuchsflächen ist offenbar zunächst ebenso wie die Behandlung der Fichtenflächen wenig gleichmäßig gewesen. Etwa bis zum Jahre 1885 wurden die Flächen nach dem Arbeitsplan von 1873 behandelt, dessen strikte und, wie SCHWAPPACH schreibt, „allzu wortgetreue Anwendung" teilweise erschreckende Bilder ergab, weil nämlich die Stammzahlentnahme in der Jugend offenbar zu hoch war. Neuere Arbeitspläne der Jahre 1886 und 1902 führten bekanntlich zu einem allgemeinen Ausbau der Möglichkeiten der Bestandesbehandlung. SCHWAPPACH selbst bevorzugte mehr und mehr hochdurchforstungsmäßige Eingriffe. Er will jedenfalls im Jahre 1911 in der Jugend die „Buchenbestände nach den Regeln der Hochdurchforstung" behandeln und dabei eine zu starke und zu plötzliche Umlichtung der zu pflegenden Zukunftsstämme vermeiden. Die weitere Behandlung zielt auf eine sorgfältige Kronenpflege ab, wobei allerdings etwa vom 70. Jahre ab mit einem Verschwinden des Unterstandes gerechnet werden muß, so daß die Behandlung nun mehr niederdurchforstungsmäßigen Charakter annimmt. Eine derartige Behandlungsart hält SCHWAPPACH ganz allgemein für sehr leistungsfähig; er stellt ferner als wesentliche Tatsache heraus, daß Stammgrundflächen von 21–25 qm eine „gewaltige Überlegenheit gegenüber dichter bestockter Flächen" aufweisen. Ganz allgemein ist SCHWAPPACH der Auffassung, daß „innerhalb der Grenzen von 21–25 qm etwa vom 70. Jahre aufwärts das Optimum des Zuwachses für die Buche" liege. Stärkere Lockerungen bringen keinen Vorteil mehr.

WIEDEMANN beurteilt die Probleme der Bestandesbehandlung und der optimalen Grundflächenhaltung bei der Buche bemerkenswert anders. Die Änderung der Ertragstafeln von 1911 ist dabei an sich weniger bedeutungsvoll als die Abweichung von den grundsätzlichen Auffassungen SCHWAPPACHs. Die Tafeln selbst sind sowohl bei dem A- wie beim B-Grad im wesentlichen durch Herabsetzungen der Stammzahlen und entsprechende Erhöhung des Mitteldurchmessers gekennzeichnet; da Grundflächen, Formzahlen und Höhen unverändert bleiben, verändern sich auch die Massen kaum. Die Aushiebsmassen und die Zuwüchse erfahren gewisse Verschiebungen, die im einzelnen hier nicht besprochen werden sollen. Dagegen kommt WIEDEMANN hinsichtlich der Wirkung hochdurchforstungsmäßiger Behandlung auf die Leistung der Buche zu ungünstigeren Ergebnissen als SCHWAPPACH: Bei wesentlich gesenktem mittlerem Durchmesser und mittlerer Höhe und genügendem Kreisflächenzuwachs liegt der Massenzuwachs um durchschnittlich 9 % niedriger als derjenige der Niederdurchforstung. Nach WIEDEMANN führt die Hochdurchforstung „in der Mehrzahl der Fälle zu einer erheblichen Minderleistung an Masse, und zwar ist dieser Rückgang um so größer, je mehr die Hochdurchforstung sich dem Ideal der starken Hochdurchforstung nähert". WIEDEMANN will daher die Hochdurchforstung auch nur dort gelten lassen, wo eine möglichst lange Erhaltung des Unterstandes aus standörtlich-biologischen Gründen zweckmäßig erscheint. Fast noch krasser sind die Gegensätze bezüglich der Auffassungen über die Höhe der optimalen Grundflächenhaltung: Nach WIEDEMANN hat sich „in dem weiten Rahmen von wenigstens 20–40 qm im Durchschnitt des weiten preußischen Buchengebietes keine einheitliche

Überlegenheit einer bestimmten Bestandesdichte in bezug auf den Zuwachs ergeben. Bei den geringen Bonitäten ist zwar der Kreisflächenzuwachs der stärker durchforsteten Bestände größer, im Massenzuwachs verschwinden aber auch hier die Unterschiede. Im Massenzuwachs bleiben auf den untersuchten Standorten selbst fast undurchforstete Bestände konkurrenzfähig, während übermäßig lichte Bestände eine eindeutige Minderleistung haben." WIEDEMANN erklärt den Unterschied des Ergebnisses aus der wesentlich kürzeren Beobachtungszeit, die SCHWAPPACH zur Verfügung stand. Die neuen, sehr interessanten Folgerungen aus einer Arbeit MITSCHERLICHs (9) zeigen aber, daß die Annahme WIEDEMANNs von der Gleichheit des Zuwachses innerhalb eines weiten Rahmens nicht stimmt. Vielmehr hat jedes Alter sowohl für den Grundflächen- wie auch für den Massenzuwachs eine ganz bestimmte optimale Grundflächenhöhe, die mit höherem Alter ansteigt und bei den besseren Ertragsklassen wahrscheinlich relativ höher liegt als bei geringeren Ertragsklassen. Die Auffassung SCHWAPPACHs dürfte also doch grundsätzlich zutreffend gewesen sein. Auch hinsichtlich der Frage der Leistungsfähigkeit der Hochdurchforstung neigen wir heute mehr der Ansicht von SCHWAPPACH zu, nachdem durch Untersuchungen von ASSMANN (1, 2) und MITSCHERLICH (9, 10) neue Ergebnisse erzielt wurden, die gerade die Leistungsfähigkeit der Hochdurchforstung unterstreichen.

Es ist hier nicht der Ort, die Frage der Bestandesbehandlung und der optimalen Grundflächenhaltung ausführlicher zu behandeln. Die Entwicklung der letzten Zeit beweist jedenfalls, daß auf diesem Gebiet noch vieles zu klären ist. Die Buche zeigt als besonders „zuwachsplastische" Holzart alle noch vorhandenen Unsicherheiten meines Erachtens am besten, und ich glaubte daher, diese Dinge mindestens andeuten zu müssen. Wenn in der Vergangenheit oft Ergebnisse erzielt worden sind, die uns heute offenbar nicht befriedigen, dann liegt einer der möglichen Gründe dafür ganz zweifellos in der einseitigen Anwendung einer zu grobstatistischen Arbeitsweise!

Für die Aufschlüsselung des laufend-jährlichen Massenzuwachses auf Ertragsklasse und Alter bei sinkendem Grundflächenschluß möchte ich die Tabellen von MITSCHERLICH zugrunde legen.

Grundflächenschluß oder Vollbestandsfaktor	1.0	0.9	0.8	0.7	0.6	0.5	0.4
Buche	1.00	0.98	0.95	0.90	0.83	0.74	0.63

Die weitere Aufschlüsselung der Zahlen auf Ertragsklassen und Alter, die sich technisch-methodisch nicht von der Bearbeitung der Zahlen für die Kiefer und die Fichte unterscheidet, hatte folgendes Ergebnis:

Tabelle 8

Zuwachsschluß nach Ertragsklassen. Buche normal

	1.0	0.9	0.8	0.7	0.6	0.5	0.4
I. Ekl.	1.00	0.97	0.93	0.87	0.80	0.72	0.61
II. Ekl.	1.00	0.98	0.95	0.90	0.84	0.76	0.65
III. Ekl.	1.00	0.98	0.95	0.90	0.85	0.75	0.65
IV. Ekl.	1.00	0.99	0.97	0.93	0.83	0.70	0.57
	1.00	0.98	0.95	0.90	0.83	0.74	0.63

Tabelle 9

Zuwachsschluß nach Ertragsklasse und Alter

I. Ertrags

Alter	1.0			0.9			0.8		
	M	m_z	m_z %	M	m_z	m_z %	M	m_z	m_z %
60	309			278			247		
		12.1	3.9		11.5	4.1		11.0	4.5
65	346			311			277		
		11.9	3.4		11.3	3.6		10.8	3.9
70	380			342			304		
		11.8	3.1		11.4	3.3		11.0	3.6
75	408			367			326		
		11.4	2.8		11.1	3.0		10.6	3.3
80	433			390			346		
		11.1	2.6		10.9	2.8		10.4	3.0
85	456			410			365		
		10.8	2.4		10.6	2.6		10.2	2.8
90	477			429			382		
		10.7	2.2		10.5	2.4		10.1	2.6
95	497			447			398		
		10.6	2.1		10.4	2.3		10.0	2.5
100	516			464			413		
		10.4	2.0		10.2	2.2		9.8	2.4
105	533			480			426		
		10.3	1.9		10.1	2.1		9.7	2.3
110	550			495			440		
		10.3	1.9		10.0	2.0		9.6	2.2
115	566			509			453		
		10.3	1.8		10.0	2.0		9.6	2.1
120	582			524			466		
		10.2	1.8		9.9	1.9		9.5	2.0
125	597			537			478		
		10.0	1.7		9.7	1.8		9.3	1.9
130	611			550			489		
		10.0	1.6		9.6	1.7		9.2	1.9
135	625			563			500		
		10.0	1.6		9.6	1.7		9.2	1.8
140	638			574			510		

bei Buche — normale Behandlung

klasse

	0.7			0.6			0.5			0.4	
M	m_z	m_z %	M	m_z	m_z %	M	m_z	m_z %	M	m_z	m_z %
216			185			155			124		
	10.0	4.6		9.2	5.0		8.0	5.2		6.7	5.4
242			208			173			138		
	10.0	4.1		9.2	4.4		8.0	4.6		6.7	4.9
266			228			190			152		
	10.0	3.8		9.2	4.0		8.1	4.3		6.8	4.5
286			245			204			163		
	9.7	3.4		8.9	3.6		8.1	4.0		6.8	4.2
303			260			217			173		
	9.5	3.1		8.8	3.4		8.0	3.7		6.8	3.9
319			274			228			182		
	9.4	2.9		8.6	3.1		7.9	3.5		6.7	3.7
334			286			239			191		
	9.4	2.8		8.7	3.0		7.9	3.3		6.7	3.5
348			298			249			199		
	9.4	2.7		8.7	2.9		8.0	3.2		6.8	3.4
361			310			258			206		
	9.4	2.6		8.6	2.8		7.8	3.0		6.7	3.3
373			320			267			213		
	9.3	2.5		8.5	2.7		7.7	2.9		6.6	3.1
385			330			275			220		
	9.2	2.4		8.4	2.5		7.7	2.8		6.6	3.0
396			340			283			226		
	9.2	2.3		8.4	2.5		7.6	2.7		6.5	2.9
407			349			291			233		
	9.0	2.2		8.3	2.4		7.5	2.6		6.4	2.7
418			358			299			239		
	8.7	2.1		8.0	2.2		7.2	2.4		6.1	2.6
428			367			306			244		
	8.6	2.0		7.9	2.2		7.1	2.3		6.0	2.5
438			375			313			250		
	8.5	1.9		7.8	2.1		7.0	2.2		5.9	2.4
447			383			319			255		

Tabelle 9

Zuwachsschluß nach Ertragsklasse und Alter

II. Ertrags

Alter	1.0			0.9			0.8		
	M	m_z	m_z %	M	m_z	m_z %	M	m_z	m_z %
60	236			212			189		
		10.2	4.3		9.8	4.6		9.5	5.0
65	269			242			215		
		10.2	3.8		9.8	4.0		9.5	4.4
70	299			269			239		
		10.1	3.4		9.9	3.7		9.6	4.0
75	327			289			262		
		9.9	3.0		9.7	3.4		9.4	3.6
80	354			319			283		
		9.7	2.7		9.6	3.0		9.3	3.3
85	376			338			301		
		9.5	2.5		9.4	2.8		9.1	3.0
90	396			356			317		
		9.5	2.4		9.4	2.6		9.1	2.9
95	416			374			333		
		9.3	2.2		9.2	2.5		8.9	2.7
100	433			390			346		
		9.2	2.1		9.1	2.3		8.8	2.5
105	449			404			359		
		9.2	2.0		9.1	2.3		8.8	2.5
110	465			419			372		
		9.0	1.9		8.8	2.1		8.5	2.3
115	480			432			384		
		9.0	1.9		8.8	2.0		8.5	2.2
120	496			446			397		
		9.0	1.8		8.8	2.0		8.5	2.1
125	511			460			409		
		8.8	1.7		8.6	1.9		8.4	2.1
130	525			473			420		
		8.6	1.6		8.3	1.8		8.1	1.9
135	537			483			430		
		8.6	1.6		8.3	1.7		8.1	1.9
140	549			494			439		

bei Buche — normale Behandlung
klasse

	0.7			0.6			0.5			0.4	
M	m_z	m_z %	M	m_z	m_z %	M	m_z	m_z %	M	m_z	m_z %
165			142			118			94		
	8.8	5.3		8.2	5.8		7.2	6.1		6.1	6.5
188			161			135			108		
	8.9	4.7		8.3	5.2		7.3	5.4		6.2	5.7
209			179			150			120		
	8.9	4.3		8.3	4.6		7.4	4.9		6.2	5.2
229			196			164			131		
	8.7	3.8		8.1	4.1		7.4	4.5		6.3	4.8
248			212			177			142		
	8.6	3.5		8.1	3.8		7.4	4.2		6.3	4.4
263			226			188			150		
	8.5	3.2		8.0	3.5		7.4	3.9		6.4	4.3
277			238			198			158		
	8.6	3.1		8.1	3.4		7.4	3.7		6.4	4.1
291			250			208			166		
	8.6	3.0		8.0	3.2		7.4	3.6		6.3	3.8
303			260			217			173		
	8.6	2.8		8.0	3.1		7.3	3.4		6.3	3.6
314			269			225			180		
	8.6	2.7		8.0	3.0		7.3	3.2		6.3	3.5
326			379			233			186		
	8.3	2.5		7.7	2.8		7.2	3.1		6.2	3.3
336			288			240			192		
	8.3	2.5		7.7	2.7		7.1	3.0		6.1	3.2
347			298			248			198		
	8.2	2.4		7.6	2.5		7.1	2.9		6.0	3.0
358			307			256			204		
	7.9	2.2		7.4	2.4		6.8	2.7		5.8	2.8
368			315			263			210		
	7.7	2.1		7.1	2.3		6.5	2.5		5.6	2.7
376			322			269			215		
	7.6	2.0		7.1	2.2		6.4	2.4		5.4	2.5
384			329			275			220		

Tabelle 9

Zuwachsschluß nach Ertragsklasse und Alter

III. Ertrags

Alter	1.0			0.9			0.8		
	M	m_z	m_z %	M	m_z	m_z %	M	m_z	m_z %
60	177			159			142		
		8.2	4.6		8.0	5.0		7.5	5.3
65	203			183			162		
		8.2	4.0		8.0	4.4		7.5	4.6
70	226			203			181		
		8.2	3.6		8.0	3.9		7.6	4.2
75	249			224			199		
		8.2	3.3		8.0	3.6		7.6	3.8
80	272			245			218		
		7.8	2.9		7.6	3.1		7.3	3.3
85	293			264			234		
		7.5	2.6		7.4	2.8		7.0	3.0
90	312			281			250		
		7.2	2.3		7.1	2.5		6.8	2.7
95	329			296			263		
		7.1	2.2		7.0	2.4		6.7	2.5
100	345			311			276		
		7.0	2.0		6.9	2.2		6.6	2.4
105	361			325			289		
		6.8	1.9		6.7	2.1		6.5	2.2
110	375			338			300		
		6.7	1.8		6.6	2.0		6.4	2.1
115	388			349			310		
		6.7	1.8		6.6	1.9		6.4	2.1
120	400			360			320		
		6.7	1.7		6.6	1.8		6.5	2.0
125	412			371			330		
		6.6	1.6		6.5	1.8		6.4	1.9
130	424			382			339		
		6.4	1.5		6.3	1.6		6.3	1.9
135	434			391			347		
		6.2	1.4		6.1	1.6		6.1	1.8
140	443			399			354		

bei Buche — normale Behandlung
klasse

0.7			0.6			0.5			0.4		
M	m_z	m_z %	M	m_z	m_z %	M	m_z	m_z %	M	m_z	m_z %
124			106			89			71		
	7.1	5.7		6.7	6.3		5.8	6.5		5.0	7.0
142			122			102			81		
	7.1	5.0		6.8	5.6		5.9	5.8		5.0	6.2
158			136			113			90		
	7.2	4.6		6.8	5.0		6.0	5.3		5.1	5.7
174			149			125			100		
	7.2	4.1		6.8	4.6		6.0	4.8		5.2	5.2
190			163			136			109		
	6.9	3.6		6.7	4.1		5.8	4.3		5.0	4.6
205			176			147			117		
	6.7	3.3		6.5	3.7		5.6	3.8		4.8	4.1
218			187			156			125		
	6.5	3.0		6.1	3.3		5.5	3.5		4.7	3.8
230			197			165			132		
	6.4	2.8		6.0	3.0		5.4	3.3		4.6	3.5
242			207			173			138		
	6.3	2.6		6.0	2.9		5.3	3.1		4.6	3.3
253			217			181			144		
	6.1	2.4		5.8	2.7		5.2	2.9		4.5	3.1
263			225			188			150		
	6.1	2.3		5.8	2.6		5.2	2.8		4.5	3.0
272			233			194			155		
	6.1	2.2		5.8	2.5		5.2	2.7		4.5	2.9
280			240			200			160		
	6.1	2.2		5.8	2.4		5.1	2.6		4.5	2.8
288			247			206			165		
	6.1	2.1		5.7	2.3		5.1	2.5		4.5	2.7
297			254			212			170		
	6.0	2.0		5.6	2.2		5.1	2.4		4.4	2.6
303			260			217			174		
	5.8	1.9		5.5	2.1		5.0	2.3		4.3	2.5
310			266			222			177		

Tabelle 9

Zuwachsschluß nach Ertragsklasse und Alter

IV. Ertrags

Alter	1.0			0.9			0.8		
	M	m_z	m_z %	M	m_z	m_z %	M	m_z	m_z %
60	116			104			93		
		6.8	5.9		6.7	6.4		6.5	7.0
65	140			126			112		
		6.8	4.9		6.7	5.3		6.5	5.8
70	162			146			130		
		6.6	4.1		6.5	4.5		6.3	4.8
75	181			163			145		
		6.6	3.6		6.5	4.0		6.3	4.3
80	199			179			159		
		6.4	3.2		6.3	3.5		6.1	3.8
85	215			194			172		
		6.2	2.9		6.1	3.1		6.0	3.5
90	229			206			183		
		6.2	2.7		6.1	3.0		6.0	3.3
95	243			219			194		
		5.9	2.4		5.8	2.6		5.7	2.9
100	256			230			205		
		5.6	2.2		5.5	2.4		5.4	2.6
105	267			240			214		
		5.4	2.0		5.3	2.2		5.2	2.4
110	278			250			222		
		5.2	1.9		5.1	2.0		5.1	2.3
115	289			260			231		
		5.0	1.7		5.0	1.9		4.9	2.1
120	299			269			239		
		4.8	1.6		4.8	1.8		4.7	2.0
125	308			277			246		
		4.6	1.5		4.6	1.7		4.5	1.8
130	316			284			253		

bei Buche — normale Behandlung
klasse

	0.7			0.6			0.5			0.4	
M	m_z	m_z %	M	m_z	m_z %	M	m_z	m_z %	M	m_z	m_z %
81			70			58			46		
	6.2	7.6		5.5	7.9		4.6	7.9		3.8	8.3
98			84			70			56		
	6.2	6.3		5.5	6.5		4.6	6.6		3.9	7.0
113			97			91			65		
	6.1	5.4		5.4	5.6		4.5	5.6		3.8	5.8
127			109			90			72		
	6.1	4.8		5.4	5.0		4.5	5.0		3.8	5.3
139			119			100			80		
	5.9	4.2		5.2	4.4		4.4	4.4		3.6	4.5
150			129			108			86		
	5.8	3.9		5.1	4.0		4.3	4.0		3.5	4.1
160			137			114			92		
	5.8	3.6		5.1	3.7		4.3	3.8		3.4	3.7
170			146			122			97		
	5.5	3.2		4.9	3.4		4.2	3.4		3.2	3.3
179			154			128			102		
	5.2	2.9		4.6	3.0		4.0	3.1		3.0	2.9
187			160			134			107		
	5.0	2.7		4.5	2.8		3.9	2.9		3.0	2.8
195			167			139			111		
	4.9	2.5		4.4	2.6		3.8	2.7		3.0	2.7
202			173			144			116		
	4.7	2.3		4.2	2.4		3.7	2.6		3.0	2.6
209			179			150			120		
	4.5	2.2		4.0	2.2		3.6	2.4		3.0	2.5
216			185			154			123		
	4.4	2.0		3.9	2.1		3.4	2.2		2.9	2.4
221			190			158			126		

Bei einem Vergleich der Zahlen für die absoluten Derbholzmassenzuwüchse mit den von MITSCHERLICH bekanntgegebenen Werten zeigt sich sowohl in der Tendenz wie in der Zuwachshöhe eine weitgehende Übereinstimmung. Genau die gleichen Ergebnisse können nicht erwartet werden, weil MITSCHERLICH das der Ertragstafel von WIEDEMANN zugrunde liegende Material und die übrigen vorliegenden Angaben neu verarbeitet hat, also nicht auf die in der Ertragstafel bereits zusammengefaßten Werte zurückgriff. Er konnte dies übrigens auch kaum tun, weil dann eine seiner Problemstellung entsprechende Behandlung des Fragekomplexes nicht möglich gewesen wäre. Im vorliegenden Fall will ich aber keine Zuwachszahlen für absolute Massen oder Grundflächen, sondern Zuwachszahlen für Bestockungsgrade der Ertragstafel von WIEDEMANN angeben. Der Massenzuwachs für 1.0 Schluß liegt damit fest. Wenn man die Zuwachsangaben von MITSCHERLICH mit den Zahlen meiner Zuwachstabellen vergleicht, dann findet man, daß MITSCHERLICH für 1.0 Massenschluß der Ertragstafel im Durchschnitt der ersten drei von ihm bearbeiteten Ertragsklassen um etwa 0.2 fm höhere Massenzuwüchse angibt, als sie in der Tafel von WIEDEMANN enthalten sind. Der Unterschied ist also sehr gering und liegt einwandfrei im Fehlerrahmen. Mit geringeren Massenhaltungen werden die Zuwüchse dann natürlich in beiden Tabellen geringer, wobei meine Zahlen diese Tendenz insofern etwas stärker zeigen, als die Derbholzmassenzuwüchse bei der niedrigsten Massenhaltung der Tabelle im Durchschnitt aller Ertragsklassen um 0.5 fm tiefer als die Zuwachszahlen von MITSCHERLICH liegen. Dabei sind die erwähnten Differenzen bei 1.0 Schluß berücksichtigt. Die Unterschiede sind in den jüngeren Altern bei niedrigen Massen am höchsten, während sie in den mittleren und höheren Altern bei größeren Massen fast verschwinden. Da die Tabellen für die praktische Zuwachsschätzung vorwiegend im Einzelfall gedacht sind, glaube ich, daß es zweckmäßig ist, die etwas geringeren Zuwachsangaben ohne Änderung zu belassen.

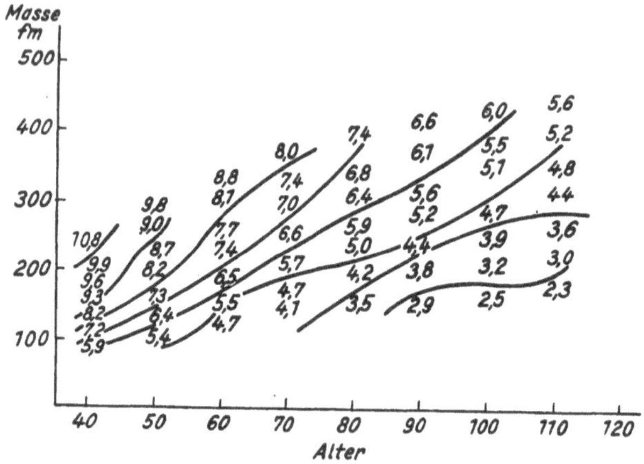

Abb. 1. Zuwachs, Masse und Alter Kiefer I. Ekl.
normale Behandlung

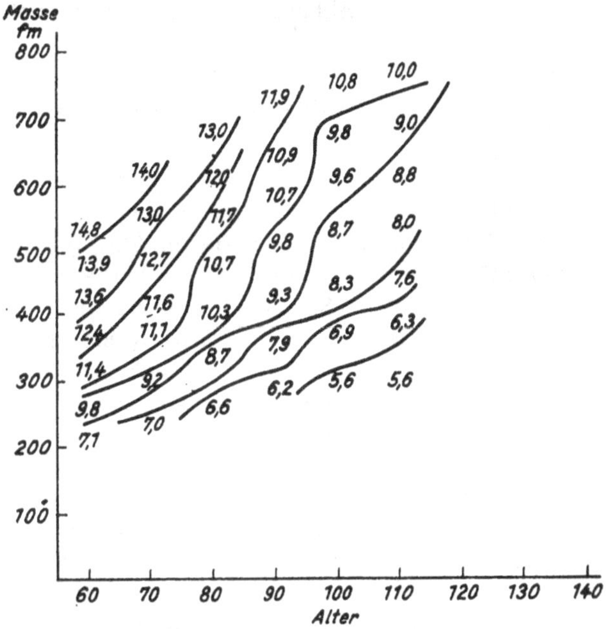

Abb. 2. Zuwachs, Masse und Alter Fichte I. Ekl.
normale Behandlung

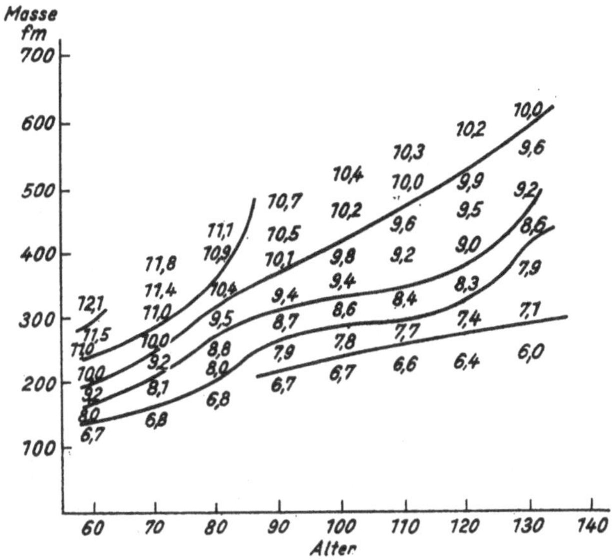

Abb. 3. Zuwachs, Masse und Alter Buche I. Ekl.
normale Behandlung

4. Der Massenzuwachs in Abhängigkeit von Alter und Masse

Bei einer dreidimensionalen Auftragung der Massenzuwüchse in Abhängigkeit von Alter und Masse ergeben sich ähnliche „Zuwachstiefs“ und „Zuwachshochs“ wie bei MITSCHERLICH.

Als Beispiel zeigen die Abb. 1–3 die Derbholzmassenzuwüchse der I. Ertragsklasse von Kiefer, Fichte und Buche in dreidimensionaler Staffelung. Um also 10 fm Derbholz zu erzeugen, braucht man bei der Buche im Alter von 70 Jahren etwa 270 fm, im Alter von 120 Jahren aber 500 fm. Zwischen Buche und Kiefer auf der einen Seite und Fichte auf der anderen Seite scheinen aber gewisse Unterschiede zu bestehen: Bei der Fichte verlaufen die eingezeichneten Trennungslinien zwischen gleichen Zuwüchsen deutlich steiler als bei Kiefer und Buche; das bedeutet, daß bei gleichem Alter Unterschiede in der Massenhaltung innerhalb eines bestimmten Bereiches sich weniger stark auf die Zuwachsleistung auswirken. Vor allen Dingen zeichnet sich das bei höheren Massenhaltungen ab. Bei den Massenveränderungen zwischen 250 und 400 fm ist der Zuwachsanstieg offenbar recht erheblich, während etwa ab 400 fm Vorrat längst nicht im gleichen Maß mit einer Zuwachserhöhung zu rechnen ist. In der Jugend liegt ferner das Zuwachsoptimum der Fichte bei verhältnismäßig hohen Vorräten, nämlich in der I. Ertragsklasse mit 500–750 fm. Da die Massenhaltigkeit hier niemals die Ertragstafelhöhe übertreffen kann, der Zuwachs aber bis zu diesen Höhen ansteigt, lassen sich keine Anhaltspunkte für die obere Begrenzung des Zuwachsoptimums gewinnen.

IV. Grundflächenschluß und Zuwachs bei unpfleglicher Auflockerung

1. Die Kiefer

a) Verteilung der Probeflächen

Für die Kiefer wurden insgesamt 314 Probeflächen aufgenommen, die nach Waldgebieten folgendermaßen gegliedert sind:

1. Nordbrandenburg-Mecklenburg	104
2. Sachsen-Anhalt	102
3. Nordsachsen-Südbrandenburg	108
	314

Die Aufnahmedaten der einzelnen Probeflächen zeigt die Tabelle 10.

Die durchschnittlichen Ertragsklassen und Grundflächenschlüsse der aufgenommenen Flächen haben folgende Höhen:

Durchschnittliche Ertragsklassen der Probeflächen

	I	II	III	IV	V
Nordbrandenburg, Mecklenburg	I,1	I,9	III,0	IV,0	IV,7
Sachsen-Anhalt*)	(I, 2)	II,2	II,9	III,8	IV,6
Nordsachsen, Südbrandenburg*)	(I,3)	II,1	III,0	III,9	IV,9

*) Bei den eingeklammerten Zahlen standen nur wenige Probeflächen zur Verfügung.

Durchschnittlicher Grundflächenschluß der Probeflächen

	I	II	III	IV	V	Durchschnitt
Nordbrandenburg, Mecklenburg	0,74	0,67	0,74	0,69	0,64	0,70
Sachsen-Anhalt	(0,93)	0,69	0,63	0,65	0,63	0,71
Nordsachsen, Südbrandenburg	(0,52)	0,63	0,58	0,63	0,75	0,62

Tabelle 10

Flächenverzeichnis Kiefer, Waldgebiet Nordbrandenburg/Mecklenburg

Lfd. Nr.	Ertragsklasse		Alter	Grundflächenschl.		lfd. jährl. Zuw. %		absol. lfd. jährl. Zuwachs			Masse verbl. Bestand/ha	
	Fläche	abger.		Fläche	Ekl. Durchschnitt	Tafelwerte	wirkl. Wert d. Fläche	Tafelwerte	wirkl. Wert d. Fläche	n. Schluß red. Tafelw.	auf Grundfl.-schl. red. Tafelwerte	Derbholzmasse ha
1	2	3	4	5	6	7	8	9	10	11	12	13
1	0,9	I	36	1,18	0,74	6,1	3,60	11,6	9,03	10,7	238,36	250,97
2	I,1	I	38	0,84		6,1	2,20	11,6	3,87	9,7	173,63	175,86
3	I,4	I	43	0,87		4,8	5,92	10,8	10,40	8,4	174,50	175,81
4	I,0	I	45	1,08		4,8	3,38	10,8	9,37	11,7	277,56	277,23
5	I,5	II	56	0,64	0,67	3,0	2,98	7,5	5,29	4,8	180,48	177,39
6	I,2	I	57	0,90		3,1	2,27	9,4	6,99	8,5	273,60	308,27
7	0,7	I	60	0,77		3,1	2,42	9,4	6,27	7,2	268,88	258,92
8	0,9	I	60	0,48		3,1	2,16	9,4	3,52	4,5	161,47	162,84
9	I,2	I	60	0,69		3,0	1,34	7,5	2,76	5,2	218,87	205,61
10	I,2	I	60	0,44		3,1	1,40	9,4	2,24	4,1	139,57	160,33
11	I,0	I	61	0,73		2,7	2,64	8,8	6,48	6,4	243,67	245,14
12	I,4	I	62	0,85		2,9	2,12	9,2	6,32	7,8	253,30	282,31
13	I,1	I	62	0,66		2,9	2,32	9,2	7,65	6,07	217,80	218,83
14	II,0	II	67	0,70		2,4	2,64	6,9	5,07	4,8	201,32	192,18
15	I,0	I	70	0,67		2,4	2,08	8,4	7,61	5,6	245,22	246,88
16	0,8	I	70	0,66		2,4	2,18	8,4	8,30	5,5	250,80	250,86
17	I,2	I	72	0,45		2,2	2,00	8,0	3,12	3,6	160,54	156,28
18	I,0	I	74	0,44		2,2	1,82	8,0	2,90	3,5	165,62	159,40
19	I,1	I	74	0,87		2,2	1,44	8,0	4,60	7,0	321,38	319,56
20	I,2	I	75	0,73		2,2	1,68	8,0	6,13	5,8	266,45	271,33
21	I,4	I	75	0,67		2,2	2,10	8,0	7,37	5,4	235,17	240,88
22	0,9	I	70	0,90		2,0	1,44	7,6	5,09	6,8	358,11	353,37
23	II,1	II	33	0,55		8,8	4,58	9,3	3,35	5,1	67,87	73,10
24	II,3	II	37	0,54		6,2	3,92	9,1	3,18	4,9	77,28	81,14
25	II,4	II	37	0,91		6,2	5,50	9,1	6,98	8,3	126,27	126,97

26	I,6	II	48	0,63		4,1	5,24	8,5	7,71	5,4	150,77	147.24
27	I,7	II	48	0,82		4,1	1,80	8,5	3,63	7,0	192,57	201,92
28	I,8	II	48	0,78		4,1	4,60	8,5	8,50	6,6	178,84	184,80
29	II,2	II	48	0,68		4,1	4,42	8,5	6,31	5,8	141,22	142,85
30	II,2	II	48	0,73		4,1	6,32	8,5	9,21	6,2	151,61	145,74
31	I,5	II	51	0,59		3,5	4,60	7,9	7,09	4,7	153,64	154,20
32	I,6	II	51	0,94		3,5	2,48	7,9	5,84	7,4	239,44	235,46
33	II,3	II	53	0,75		3,5	3,06	7,9	5,08	5,9	167,72	165,28
34	II,0	II	56	0,43		3,0	2,98	7,5	3,13	3,2	108,20	104,91
35	I,9	II	58	0,76		3,0	1,84	7,5	3,83	5,7	201,44	207,98
36	I,6	II	60	0,63		3,0	2,47	7,5	4,36	4,7	183,71	176,66
37	I,8	II	60	0,68		3,0	2,58	7,5	4,86	5,1	189,58	187,50
38	II,2	II	60	0,88		3,0	3,20	7,5	7,09	6,6	224,22	221,65
39	II,1	II	60	0,38		2,7	2,06	7,5	2,71	3,6	124,99	131,33
40	I,8	II	61	0,56		2,7	2,58	7,1	3,91	4,0	177,74	151,37
41	I,9	II	61	0,63		2,7	2,32	7,1	4,08	4,5	173,66	175,99
42	I,6	II	64	0,76		2,7	1,68	7,1	3,89	5,4	232,07	231,61
43	I,9	II	72	0,78		2,3	2,14	6,7	4,94	5,2	240,40	230,84
44	III,4	III	73	0,59	0,74	2,2	2,20	5,3	2,79	3,1	129,82	127,16
45	I,7	II	92	0,60		1,7	0,84	5,8	1,92	3,5	220,38	228,91
46	II,0	II	95	0,48		1,7	0,86	5,8	1,43	2,8	-168,96	165,80
47	I,5	II	99	0,53		1,5	0,80	5,4	1,77	2,9	207,81	220,93
48	I,9	II	99	0,68		1,5	0,94	5,4	2,35	3,7	247,42	250,38
49	II,8	III	35	0,61		12,3	6,80	7,0	5,15	4,3	64,78	75,66
50	III,0	III	35	0,69		11,3	5,80	7,0	4,09	4,8	66,93	70,91
51	II,6	III	38	0,61		7,2	4,18	7,0	3,80	4,3	81,45	90,80
52	II,7	III	47	0,75		4,3	6,60	6,5	9,00	4,9	132,16	136,42
53	III,2	III	48	0,89		4,3	5,38	6,5	7,31	5,8	135,71	136,03
54	II,6	III	53	0,62		3,6	3,48	6,2	4,34	3,8	128,71	124,79
55	II,7	III	57	0,84		3,1	3,22	6,0	4,63	5,0	181,89	143,96
56	II,7	III	57	1,03		3,1	2,68	6,0	5,50	5,7	223,04	205,52
57	II,5	III	66	0,47		2,4	1,62	5,5	1,96	2,6	120,41	120,68
58	II,6	III	72	0,73		2,2	2,16	5,3	4,12	3,9	194,55	190,85
59	II,7	III	72	0,68		2,2	2,38	5,3	4,29	3,6	177,14	180,09
60	III,2	III	77	0,71		2,0	2,86	5,1	4,91	3,6	170,68	171,82

Tabelle 10

Flächenverzeichnis Kiefer, Waldgebiet Nordbrandenburg/Mecklenburg

Lfd. Nr.	Ertragsklasse		Alter	Grundflächenschl.		lfd. jährl. Zuw. %		absol. lfd. jährl. Zuwachs			Masse verbl. Bestand/ha	
	Fläche	abger.		Fläche	Ekl. Durchschnitt	Tafelwerte	wirkl. Wert d. Fläche	Tafelwerte	wirkl. Wert d. Fläche	n. Schluß red. Tafelw.	auf Grundfl.-schl. red. Tafelwerte	Derbholzmasse ha
1	2	3	4	5	6	7	8	9	10	11	12	13
61	III,3	III	77	0,85		2,0	2,40	5,1	3,70	3,6	199,16	154,11
62	II,5	III	78	0,80		2,0	2,32	5,1	5,32	4,1	228,48	229,35
63	III,1	III	78	0,57		2,0	1,94	5,1	2,74	2,9	141,56	141,09
64	III,3	III	78	0,80		2,0	2,26	5,1	4,30	4,1	189,02	190,33
65	III.2	III	90	0.50		1,8	1,42	4,7	3,49	4,0	221,17	245,39
66	II,8	III	100	0,85		1,6	1,22	4,4	3,12	3,7	250,92	255,93
67	III,2	III	110	0,93		1,4	1,44	4,1	3,71	3,8	255,38	257,88
68	III,1	III	115	0,90		1,4	1,34	4,0	3,52	3,6	253,53	262,46
69	II,8	III	125	0,78		1,3	1,36	3,6	3,27	2,8	236,33	240,13
70	III,2	III	125	0,64		1,3	1,56	3,6	2,88	2,3	175,10	184,87
71	III,2	III	125	0,66		1,3	1,56	3,6	2,89	2,4	180,58	185,10
72	III,2	III	125	0,69		1,3	1,38	3,6	2,68	2,5	188,78	194,19
73	III,2	III	140	0,66		1,1	1,34	3,0	2,49	2,0	172,52	185,50
74	III,4	III	140	0,85		1,1	1,96	3,0	4,49	2,6	209,78	228,91
75	IV,4	IV	47	0,87	0,69	5,3	3,60	4,9	2,67	4,3	68,03	74,28
76	III,5	IV	63	0,69		3,1	3,52	4,6	4,43	3,2	129,72	125,85
77	IV,4	IV	67	0,59		2,7	3,07	4,4	2,45	2,6	86,02	79,72
78	IV,0	IV	70	0,67		2,7	3,10	4,4	3,74	2,9	117,92	120,77
79	IV,3	IV	70	0,52		2,7	2,56	4,4	2,16	2,3	82,78	84,21
80	IV,0	IV	76	0,62		2,2	2,80	4,2	3,40	2,6	117,80	121,30
81	IV,3	IV	103	0,30		1,6	1,78	3,6	1,09	0,3	61,60	63,31
82	III,6	IV	110	0,93		1,5	2,14	3,4	5,00	4,7	232,31	233,50
83	III,6	IV	110	1,10		1,5	1,66	3,4	4,66	5,1	274,78	281,03
84	III.7	IV	110	0,91		1,5	1,98	3,4	4,44	4,0	221,68	224,15
85	III,7	IV	110	0,95		1,5	1,56	3,4	3,65	3,5	231,42	233,92

86	IV,0	IV	113	0,34		1,5	3,32	3,4	3,36	1,1	76,50	84,05
87	IV,2	IV	113	0,56		1,5	2,96	3,4	2,11	1,9	119,06	115,06
88	III,6	IV	140	0,63		1,1	1,44	2,3	2,29	1,4	146,29	159,29
89	IV,4	IV	60	0,72		3,5	3,04	4,6	2,89	2,1	90,43	95,06
90	IV,6	V	65	0,90	0,64	3,9	3,35	3,6	3,89	3,2	116,46	115,98
91	IV,8	V	66	0,65		3,4	2,30	3,6	1,76	2,3	78,52	76,37
92	IV,6	V	68	0,52		3,4	3,56	3,6	2,51	1,9	71,34	70,63
93	IV,9	V	69	0,88		3,4	2,52	3,6	2,64	3,2	108,24	105,12
94	IV,7	V	73	0,66		3,0	1,82	3,6	1,73	2,4	94,76	94,85
95	IV,7	V	73	0,67		3,0	2,32	3,6	2,93	2,4	96,20	99,97
96	IV,0	IV	77	0,67		2,2	3,10	4,2	4,15	2,8	128,64	133,81
97	IV,9	V	78	0,85		2,6	2,76	3,4	3,25	2,9	120,84	118,08
98	IV,7	V	84	0,46		2,4	3,82	3,4	2,88	1,6	75,46	75,50
99	IV,8	V	86	0,69		2,2	1,74	3,2	1,89	2,2	111,20	109,03
100	IV,6	V	87	0,48		2,2	2,24	3,2	1,93	1,5	83,63	86,36
101	IV,9	V	88	0,49		2,2	2,34	3,2	1,79	1,6	77,44	76,39
102	IV,8	V	90	0,69		2,2	2,34	3,2	2,70	2,2	114,95	115,92
103	IV,5	V	103	0,48		1,6	2,06	2,6	1,86	1,2	92,83	90,40
104	IV,6	V	103	0,50		1,6	2,12	2,6	2,26	1,3	93,72	106,76

Tabelle 10

Flächenverzeichnis Kiefer, Waldgebiet Sachsen-Anhalt

Lfd. Nr.	Ertragsklasse		Alter	Grundflächenschl.		lfd. jährl. Zuw. %		absol. lfd. jährl. Zuwachs			Masse verbl. Bestand/ha	
	Fläche	abger.		Fläche	Ekl. Durchschnitt	Tafelwerte	wirkl. Wert d. Fläche	Tafelwerte	wirkl. Wert d. Fläche	n. Schluß red. Tafelw.	auf Grundfl.-schl. red. Tafelwerte	Derbholzmasse ha
1	2	3	4	5	6	7	8	9	10	11	12	13
1	I,0	I	37	0,89	0,93	6,1	5,30	11,6	9,73	10,3	181,92	183,61
2	I,4	I	57	0,97		3,1	2,66	9,4	6,74	9,1	284,40	253,29
3	II,0	II	38	0,87	0,69	6,2	4,73	9,1	6,84	7,9	141,11	144,60
4	II,1	II	42	0,78		5,0	5,57	8,9	8,00	6,9	141,60	143,67
5	II,1	II	45	0,78		5,0	4,02	8,9	6,35	6,9	154,99	157,97
6	I,6	II	50	0,68		4,1	1,12	8,5	1,94	5,8	170,27	172,98
7	I,9	II	50	0,98		4,1	1,76	8,5	4,03	8,3	228,83	228,86
8	II,4	II	50	0,59		4,1	3,36	8,5	4,24	5,0	122,37	126,28
9	I,8	II	54	0,93		3,5	1,98	7,9	4,81	7,3	237,97	243,08
10	II,4	II	55	0,89		3,5	2,92	7,9	6,04	7,0	201,14	206,90
11	II,2	II	57	0,82		3,0	2,34	7,5	4,71	6,2	200,24	201,48
12	II,2	II	54	1,04		3,0	2,22	7,5	5,66	7,8	253,97	255,05
13	II,1	II	58	0,56		3,0	2,78	7,5	3,96	4,2	141,85	142,31
14	II,3	II	58	0,43		3,0	3,26	7,5	3,36	3,2	104,19	103,17
15	II,4	II	58	0,36		3,0	0,21	7,5	1,84	2,7	85,25	88,69
16	II,4	II	60	0,87		3,0	3,62	7,5	7,69	6,5	211,93	212,45
17	II,4	II	69	0,25		2,4	0,28	6,9	1,85	1,7	67,75	66,18
18	II,4	II	69	0,38		2,4	3,12	6,9	3,12	2,6	102,98	100,10
19	II,0	II	75	0,89		2,3	3,10	6,7	8,02	6,0	275,01	258,85
20	II,1	II	77	0,88		2,1	2,48	6,5	6,71	5,7	271,04	270,50
21	II,0	II	87	0,92		1,8	1,28	6,0	4,22	5,5	310,04	329,45
22	II,1	II	87	0,70		1,8	1,08	6,0	2,56	4,2	231,07	236,65
23	II,3	II	87	0,52		1,8	1,38	6,0	2,34	3,1	164,27	169,62
24	II,3	II	87	0,53		1,8	1,02	6,0	1,73	3,2	167,43	169,61
25	II,3	II	87	0,63		1,8	1,40	6,0	2,87	3,8	199,02	204,67

26	I,9	II	88	0,57		1,8	1,14	6,0	2,25	3,4	197,16	197,77
27	II,2	II	88	0,54		1,8	1,60	6,0	2,84	3,2	176,36	177,32
28	II,2	II	96	0,34		1,5	1,43	5,4	1,62	1,8	115,06	113,38
29	II,4	II	96	0,45		1,5	1,54	5,4	2,31	2,4	135,68	150,16
30	III,2	III	39	0,73	0,63	7,2	0,60	7,0	5,40	5,1	81,47	87,06
31	II,6	III	45	0,55		5,3	0,46	6,7	4,48	3,7	94,71	97,03
32	II,8	III	47	0,71		4,3	4,56	6,5	5,94	4,6	122,46	130,31
33	II,6	III	49	0,59		4,3	3,50	6,5	3,99	3,8	112,64	114,13
34	II,5	III	50	0,69		4,3	3,32	6,5	4,71	4,5	138,00	141,78
35	II,6	III	53	0,88		3,6	3,02	6,2	5,41	5,5	140,89	179,23
36	II,8	III	55	0,84		3,6	3,30	6,2	5,64	5,2	135,86	170,96
37	III,4	III	56	0,76		3,1	3,86	6,0	5,01	4,6	130,42	129,89
38	II,5	III	61	0,85		2,7	2,14	5,7	4,54	4,8	204,94	212,29
39	II,9	III	62	0,91		2,7	2,16	5,7	4,30	5,2	201,69	199,03
40	II,9	III	62	0,75		2,7	1,70	5,7	2,88	4,3	166,23	169,31
41	III,2	III	63	0,58		2,7	3,06	5,7	3,73	3,3	119,83	121,84
42	II,6	III	69	0,45		2,4	3,84	5,5	4,43	2,5	116,37	115,44
43	III,3	III	69	0,58		2,4	1,46	5,5	1,83	3,2	125,74	125,56
44	III,4	III	69	0,69		2,4	1,80	5,5	2,75	3,8	145,31	152,80
45	II,6	III	71	0,66		2,2	3,86	5,3	6,84	3,5	173,98	177,29
46	II,6	III	71	0,70		2,2	3,06	5,3	5,64	3,5	184,52	184,37
47	II,6	III	74	0,38		2,2	1,90	5,3	2,01	2,0	102,83	106,04
48	II,8	III	74	0,51		2,2	6,84	5,3	2,90	2,7	131,99	134,41
49	III,1	III	74	0,67		2,2	1,76	5,3	2,98	3,6	161,26	169,59
50	III,2	III	74	0,30		2,2	2,40	5,3	1,73	1,6	70,32	73,37
51	III,3	III	80	0,73		2,0	0,50	5,1	4,18	3,7	175,20	167,02
52	II,5	III	81	0,42		1,9	1,24	4,9	2,23	2,1	122,60	179,67
53	II,8	III	88	0,61		1,8	1,76	4,7	3,11	2,9	172,63	176,92
54	II,9	III	88	0,64		1,8	1,56	4,7	2,92	3,0	176,96	187,52
55	II,9	III	88	0,70		1,8	2,04	4,7	4,19	3,3	193,55	205,21
56	III,0	III	88	0,52		1,8	1,56	4,7	2,29	2,4	140,19	146,77
57	II,8	III	91	0,66		1,7	2,08	4,6	4,18	3,0	189,83	201,03
58	II,5	III	96	0,44		1,6	1,06	4,4	1,45	1,9	139,04	136,44
59	II,6	III	96	0,64		1,6	5,07	4,4	2,90	2,8	197,50	181,49
60	III,1	III	96	0,71		1,6	1,62	4,4	3,16	3,1	192,55	195,12

Tabelle 10

Flächenverzeichnis Kiefer, Waldgebiet Sachsen-Anhalt

Lfd. Nr.	Ertragsklasse		Alter	Grundflächenschl.		lfd. jährl. Zuw. %		absol. lfd. jährl. Zuwachs			Masse verbl. Bestand/ha	
	Fläche	abger.		Fläche	Ekl. Durchschnitt	Tafelwerte	wirkl. Wert d. Fläche	Tafelwerte	wirkl. Wert d. Fläche	n. Schluß red. Tafelw.	auf Grundfl.-schl. red. Tafelwerte	Derbholzmasse ha
1	2	3	4	5	6	7	8	9	10	11	12	13
61	III,4	III	99	0,56		1,6	1,36	4,4	2,05	2,5	144,03	150,39
62	II,6	III	102	0,54		1,5	1,68	4,3	2,93	2,3	169,34	174,46
63	III,2	III	102	0,45		1,5	1,34	4,3	1,68	1,9	122,04	125,06
64	III,4	III	102	0,57		1,5	1,88	4,3	2,89	2,5	147,74	153,49
65	II,8	III	103	0,78		1,5	1,76	4,3	4,29	3,4	233,38	243,50
66	III,2	III	103	0,49		1,5	1,58	4,3	2,32	2,1	133,18	146,56
67	III,2	III	103	0,40		1,5	1,62	4,3	1,75	1,7	108,72	107,73
68	II,7	III	104	0,47		1,5	1,68	4,3	2,33	2,0	144,50	138,88
69	II,8	III	106	0,79		1,4	2,66	4,1	6,32	3,2	237,63	237,49
70	II,9	III	106	0,83		1,4	1,38	4,1	3,36	3,4	243,27	243,58
71	III,2	III	106	0,57		1,4	1,25	4,1	1,92	2,3	155,72	153,49
72	III,5	IV	47	0,48	0,65	5,3	6,20	4,9	3,95	2,4	62,26	63,86
73	III,6	IV	50	1,04		5,3	0,96	4,9	1,42	5,1	142,27	147,87
74	III,9	IV	62	0,79		3,1	2,62	4,6	3,44	3,6	126,56	131,34
75	IV,4	IV	64	0,42		3,1	4,30	4,6	2,49	1,9	57,79	58,10
76	IV,4	IV	69	0,80		2,7	2,36	4,4	2,94	3,5	120,80	124,65
77	III,7	IV	70	0,75		2,7	2,11	4,4	3,12	3,3	145,95	147,67
78	III,8	IV	70	0,81		2,7	1,82	4,4	2,83	3,6	152,60	155,75
79	III,9	IV	70	0,67		2,7	1,94	4,4	2,37	2,9	122,07	122,41
80	IV,2	IV	70	0,72		2,7	2,14	4,4	2,68	3,2	118,66	125,08
81	IV,4	IV	70	0,55		2,7	2,00	4,4	1,75	2,4	84,48	88,37
82	III,6	IV	74	0,42		2,5	2,20	4,4	2,10	1,8	88,20	93,78
83	III,8	IV	74	0,43		2,5	1,90	4,4	1,72	1,9	85,05	88,71
84	IV,2	IV	74	0,35		2,5	2,30	4,4	1,42	1,5	60,97	60,73
85	III,7	IV	82	0,62		2,1	2,42	4,2	3,32	2,6	136,08	137,19

86	III,9	IV	82	0,80		2,1	2,38	4,2	4,01	3,4	166,08	168,29
87	III,9	IV	84	0,59		2,1	1,56	4,2	1,96	2,5	124,61	125,43
88	III,6	IV	92	0,64		1,8	1,58	3,9	2,45	2,5	152,81	154,88
89	IV,2	IV	92	0,54		1,8	1,74	3,9	2,07	2,1	109,84	118,78
90	III,6	IV	96	0,67		1,7	1,46	3,7	2,29	2,5	162,68	156,81
91	III,7	IV	96	0,64		1,7	1,88	3,7	2,70	2,4	151,55	143,56
92	III,5	IV	102	0,60		1,6	1,86	3,6	2,83	2,2	151,92	152,24
93	III,7	IV	102	0,55		1,6	1,58	3,6	2,17	3,0	132,66	137,18
94	III,5	IV	107	0,81		1,5	1,26	3,4	2,88	2,8	206,63	228,50
95	III,7	IV	107	0,48		1,5	1,68	3,4	2,12	1,6	116,50	126,19
96	III,8	IV	107	0,89		1,5	1,06	3,4	2,25	3,0	210,57	212,49
97	III,9	IV	107	0,67		1,5	0,88	3,4	1,39	2,3	154,44	157,90
98	III,8	IV	111	0,63		1,5	0,44	3,4	3,82	2,1	149,56	156,61
99	III,7	IV	111	0,75		1,5	0,94	3,4	1,73	2,6	182,70	183,62
100	IV,5	V	64	0,72	0,63	3,9	2.30	3,6	2,06	2,6	95,04	89,65
101	IV,7	V	64	0,49		3,9	4,40	3,6	2,44	1,8	59,19	55,48
102	IV,5	V	70	0,68		3,4	2,94	3,6	3,14	2,4	100,64	106,94

Tabelle 10

Flächenverzeichnis Kiefer, Waldgebiet Nordsachsen/Südbrandenburg

Lfd. Nr.	Ertragsklasse		Alter	Grundflächenschl.		lfd. jährl. Zuw. %		absol. lfd. jährl. Zuwachs			Masse verbl. Bestand/ha	
	Fläche	abger.		Fläche	Ekl. Durchschnitt	Tafelwerte	wirkl. Wert d. Fläche	Tafelwerte	wirkl. Wert d. Fläche	n. Schluß red. Tafelw.	auf Grundfl.-schl. red. Tafelwerte	wirkl. Derbholzmasse/ha
1	2	3	4	5	6	7	8	9	10	11	12	13
1	I,3	I	64	0,52	0,52	2,7	3,82	8,8	6,39	4,6	169,31	167,33
2	II,0	II	43	0,68	0,63	5,0	3,02	8,9	4,02	6,1	127,57	133,19
3	II,1	II	52	0,72		3,5	2,80	7,9	4,61	5,7	166,03	164,68
4	II,1	II	64	0,70		2,7	2,08	7,1	4,07	5,0	191,17	195,77
5	II,2	II	64	0,81		2,7	2,04	7,1	4,36	5,8	216,59	213,88
6	II,3	II	64	0,76		2,7	3,52	7,1	7,08	5,4	196,61	201,12
7	II,2	II	68	0,78		2,4	1,70	6,9	3,80	5,4	217,54	223,72
8	II,4	II	70	0,43		2,4	2,14	6,9	2,57	3,0	117,30	120,01
9	I,8	II	73	0,44		2,3	3,28	6,7	4,68	2,9	139,83	142,79
10	II,0	II	73	0,39		2,3	2,74	6,7	3,34	2,6	145,78	121,76
11	I,8	II	79	0,54		2,1	2,16	6,5	4,03	3,5	179,93	186,62
12	II,4	II	93	0,66		1,7	1,80	5,8	3,88	3,8	210,94	215,72
13	II,3	II	98	1,00		1,5	1,36	5,4	4,58	5,4	332,90	336,98
14	II,2	II	117	0,38		1,2	0,84	4,4	1,16	1,7	133,27	138,24
15	II,6	III	52	0,69	0,58	3,6	3,66	6,2	5,13	4,3	140,48	140,15
16	II,8	III	52	0,65		3,6	3,48	6,2	4,27	4,0	125,12	122,86
17	III,1	III	52	0,61		3,6	5,04	6,2	5.54	3,8	106,99	109,86
18	III,4	III	56	0,29		3,1	4,90	6,0	2,50	1,7	49,76	50,88
19	III,4	III	56	0,43		3,1	3,80	6,0	2,89	2,6	73,79	76,92
20	III.1	III	60	0,86		3,1	2,04	6,0	3,98	5,2	175,27	195.13
21	II,5	III	64	0,25		2,7	2,50	5,7	1,55	1,4	62,60	63,21
22	III,3	III	64	0,81		2,7	2,32	5,7	4,53	4,6	211,98	195,38
23	III,0	III	66	0,53		2,4	3,42	5,5	4,17	2,9	120,63	121,89
24	III,1	III	66	0,62		2,4	3,76	5,5	5,11	3,4	137,27	135,90
25	II,9	III	69	0,20		2,4	2,40	5,5	1,20	1,0	48,24	50,30

26	II,8	III	73	0,74		2,2	3,10	5,3	5,99	3,9	189,45	193,08
27	II,7	III	75	0,76		2,2	1,16	5,3	2,42	4,0	202,92	208,84
28	III,4	III	76	0,62		2,0	2,34	5,1	3,34	3,2	140,43	142,81
29	III,2	III	77	0,51		2,0	1,68	5,1	2,08	2,6	122,60	123,98
30	III,3	III	77	0,36		2,0	2,40	5,1	2,10	1,8	84,35	86,75
31	III,1	III	80	0,50		2,0	1,96	5,1	2,53	2,6	126,00	129,40
32	III,3	III	80	0,65		2,0	2,18	5,1	3,41	3,3	156,00	156,63
33	III,0	III	81	0,48		1,9	2,68	4,9	3,44	2,4	124,61	128,38
34	III,3	III	81	0,53		1,9	1,72	4,9	2,27	2,6	128,05	131,85
35	II,6	III	86	0,53		1,8	2,54	4,7	4,07	2,5	155,99	160,05
36	II,8	III	86	0,73		1,8	0,98	4,7	2,00	3,4	205,13	204,12
37	II,5	III	92	0,64		1,7	0,82	4,6	1,56	2,9	197,57	190,10
38	III,0	III	92	0,50		1,7	0,82	4,6	1,19	2,3	137,20	145,36
39	III,3	III	92	0,81		1,7	1,34	4,6	2,82	3,7	216,03	210,57
40	II,5	III	93	0,79		1,7	1,32	4,6	3,27	3,6	247,27	247,56
41	II,8	III	93	0,66		1,7	1,22	4,6	2,41	3,0	191,27	197,73
42	III,2	III	111	0,35		1,4	0,17	4,0	1,71	1,4	96,18	98,52
43	II,8	III	102	0,70		1,5	2,08	4,3	4,49	3,1	209,23	215,81
44	III,2	III	117	1,01		1,3	1,44	3,8	4,13	4,2	275,00	286,72
45	III,2	III	117	0,18		1,3	1,20	3,8	0,60	0,7	49,50	49,85
46	III,4	III	117	0,28		1,3	1,10	3,8	0,79	1,1	73,36	73,51
47	III,4	III	118	0,82		1,3	1,16	3,8	2,51	3,1	214,68	216,27
48	III,3	III	101	0,57		1,5	1,96	4,3	2,99	2,5	150,79	152,44
49	IV,4	IV	49	0,57	0,63	5,3	4,50	4,9	2,76	2,8	49,93	61,78
50	III,5	IV	56	0,47		3,5	4,50	4,6	3,58	2,2	77,74	79,59
51	III,6	IV	56	0,38		3,5	4,80	4,6	3,22	1,7	60,50	62,70
52	III,8	IV	67	0,77		2,7	2,46	4,4	3,52	3,4	139,06	143,04
53	III,8	IV	67	0,66		2,7	2,54	4,4	3,04	2,9	119,20	119,76
54	IV,1	IV	67	0,75		2,7	1,86	4,4	2,18	3,3	121,95	117,43
55	IV,4	IV	67	0,50		2,7	3,50	4,4	2,43	2,2	72,90	70,32
56	III,9	IV	70	0,38		2,7	1,40	4,4	0,97	1,7	69,24	71,16
57	III,8	IV	71	0,74		2,5	2,54	4,4	3,58	3,3	141,19	141,07
58	III,8	IV	71	0,65		2,5	2,94	4,4	3,70	2,9	124,02	125,94
59	III,9	IV	71	0,64		2,5	2,30	4,4	2,72	2,8	118,14	118,12
60	IV,2	IV	71	0,76		2,5	1,84	4,4	2,34	3,3	127,15	127,02

Tabelle 10

Flächenverzeichnis Kiefer, Waldgebiet Nordsachsen/Südbrandenburg

Lfd. Nr.	Ertragsklasse		Alter	Grundflächenschl.		lfd. jährl. Zuw. %		absol. lfd. jährl. Zuwachs			Masse verbl. Bestand/ha	
	Fläche	abger.		Fläche	Ekl. Durchschnitt	Tafelwerte	wirkl. Wert d. Fläche	Tafelwerte	wirkl. Wert d. Fläche	n. Schluß red. Tafelw.	auf Grundfl.-schl. red. Tafelwerte	wirkl. Derbholzmasse/ha
1	2	3	4	5	6	7	8	9	10	11	12	13
61	III,8	IV	44	0,91		7,1	1,40	4,9	3,71	4,5	88,89	95,24
62	IV,2	IV	74	0,87		2,5	2,76	4,4	4,24	3,8	151,59	153,74
63	III,6	IV	77	0,54		2,2	2,60	4,2	3,01	2,3	116,64	115,88
64	III,9	IV	77	0,26		2,2	2,80	4,2	1,50	1,1	51,51	54,44
65	III,8	IV	79	0,48		2,2	2,52	4,2	2,59	2,0	99,84	102,87
66	III,9	IV	75	0,81		2,5	2,40	4,4	3,74	3,6	157,22	155,70
67	III,5	IV	81	0,78		2,1	2,85	4,2	5,11	3,3	179,17	179,00
68	III,7	IV	81	0,58		2,1	2,34	4,2	3,00	2,4	126,32	128,13
69	IV,1	IV	81	0,55		2,1	3,39	4,2	7,91	2,3	106,70	233,29
70	III,8	IV	85	0,43		2,1	1,50	4,2	1,44	1,8	94,08	96,23
71	III,8	IV	85	0,55		2,1	2,22	4,2	2,76	2,3	120,34	124,18
72	IV,4	IV	86	0,86		2,2	2,20	4,2	3,33	3,6	150,33	151,45
73	III,8	IV	85	0,70		2,1	2,48	4,2	3,86	2,9	153,60	155,66
74	III,8	IV	89	0,52		1,9	2,56	4,0	3,05	2,1	116,27	119,22
75	IV,0	IV	95	0,87		1,8	1,36	3,9	2,65	3,4	189,66	194,90
76	III,7	IV	96	0,30		1,7	1,70	3,7	1,26	1,1	71,04	73,48
77	III,8	IV	96	0,36		1,7	1,90	3,7	1,47	1,3	83,09	77,76
78	III,8	IV	96	0,43		1,7	1,96	3,7	2,04	1,6	99,24	104,13
79	IV,4	IV	96	0,35		1,7	1,50	3,7	0,98	1,3	68,42	66,33
80	III,6	IV	97	0,53		1,7	1,34	3,7	1,74	2,0	129,11	129,90
81	IV,2	IV	97	0,59		1,7	1,64	3,7	2,00	2,2	122,72	121,74
82	III,8	IV	85	0,59		2,1	3,48	4,2	4,32	2,5	129,09	124,23
83	III,7	IV	105	0,73		1,6	2,00	3,6	3,58	2,6	176,88	178,92
84	III,9	IV	111	0,48		1,5	1,56	3,4	1,75	1,6	110,98	112,47
85	III,7	IV	116	0,80		1,4	1,54	3,2	3,03	2,6	192,72	196,30

86	III,8	IV	123	0,53		1,3	2,32	2,9	2,93	1,5	124,27	126,47
87	IV,2	IV	126	0,78		1,2	1,76	2,7	2,77	2,1	160,99	157,36
88	IV,0	IV	130	0,72		1,2	1,40	2,7	2,18	1,9	154,80	155,68
89	IV,0	IV	133	0,71		1,2	0,90	0,5	1,38	1,8	150,09	153,23
90	IV,0	IV	133	0,89		1,2	1,71	2,5	3,14	2,2	188,15	183,95
91	IV,1	IV	133	0,87		1,2	1,00	2,5	1,84	2,2	178,61	183,55
92	IV,7	V	54	0,82	0,75	6,2	2,96	3,5	2,11	2,9	70,62	86,12
93	IV,7	V	54	0,84		6,2	3,98	3,5	2,85	2,9	72,34	86,12
94	IV,5	V	54	0,93		6,2	3,60	3,5	2,98	3,2	93,37	100,40
95	IV,5	V	71	0,83		3,3	1,20	3,6	1,70	3,0	124,75	150,30
96	IV,6	V	95	0,92		1,9	3,32	3,0	3,36	2,8	103,32	112,30
97	IV,9	V	98	0,73		1,8	1,64	2,9	1,99	2,1	122,42	167,70
98	V,2	V	98	0,74		1,8	1,38	2,9	1,48	2,1	108,26	146,30
99	V,3	V	98	0,75		1,8	1,50	2,9	1,44	2,2	103,80	138,40
100	V,3	V	98	0,61		1,8	1,40	2,9	1,11	1,8	84,42	138,40
101	IV,9	V	116	0,68		1,4	1,50	2,3	1,70	1,6	114,17	167,90
102	IV,7	V	117	0,58		1,4	1,66	2,3	1,76	1,3	104,46	180,10
103	V,0	V	117	0,63		1,4	1,14	2,3	1,19	1,4	101,56	161,20
104	IV,6	V	130	0,64		1,1	1,42	1,8	1,62	1,2	113,79	177,80
105	IV,6	V	132	0,85		1,1	1,18	1,8	1,82	1,5	149,26	175,60
106	IV,8	V	133	0,84		1,1	1,23	1,7	1,71	1,4	136,25	162,20
107	IV,6	V	90	0,69		2,2	1,80	3,2	1,27	2,2	74,24	107,60
108	V-6	V	90	0,63		2,2	1,80	3,2	1,19	2,0	67,79	107,60

b) Die Struktur stark aufgelichteter und unpfleglich behandelter Kiefernbestände als Charakteristikum unpfleglicher Behandlung

Bevor die Veränderung der Zuwachsentwicklung in unpfleglich aufgelockerten Kiefernbeständen besprochen wird, soll versucht werden, Merkmale für derartig veränderte Waldgefügekomplexe zu finden. Daß die Struktur solcher Bestände erheblich von derjenigen normaler Verhältnisse – im Sinne der Ertragstafeln – abweichen muß, liegt auf der Hand. Die praktischen Aufnahmen haben das auch immer wieder bestätigt. Die große Vielfalt der Möglichkeit von Art und Stärke des Eingriffs ließ es von vornherein natürlich als fraglich erscheinen, ob allgemein gültige Merkmalssymptome überhaupt festzustellen sind.

Als Charakteristikum für die Prüfung der Frage kommt eigentlich nur die Stammzahlverteilung über dem Durchmesser in Betracht. Es wurden daher von Dipl.-Forstwirt FRANZ 140 der aufgenommenen Probeflächen auf dieses Kriterium hin ausgewertet. Sie umfassen alle Grundflächenschlußgrade mit Ausnahme derjenigen von unter 0,45, die sich zweifellos einer schon überhaltartigen Struktur nähern und aus diesem Grunde für die Bearbeitung nicht geeignet sind.

b1) Normale oder fast normale Frequenzreihen

In den Sortenertragstafeln für Kiefern, Buche und Eiche hat MITSCHERLICH (11), aufbauend auf dem Unterlagenmaterial der Versuchsanstalt Eberswalde (159 Kiefernflächen), normale Stammzahl- und Massenfrequenzkurven der Kiefer entwickelt. Seine Untersuchungen ergaben enge Zusammenhänge zwischen Stammzahlverteilung, Gipfelhöhe, Mitteldurchmesser auf der einen Seite und Holzart, Alter, Ertragsklasse und Behandlung auf der anderen Seite.

Die ermittelten durchschnittlichen Frequenzkurven wurden von MITSCHERLICH zur Grundlage eingehender Untersuchungen der Massenfrequenz „normal" behandelter Bestockungen gemacht.

Als „normal" behandelte Flächen werden hier die periodisch und nach exakt festgelegten waldbaulichen Gesichtspunkten behandelten langfristigen Versuchsflächen der Versuchsanstalt verstanden, die das Unterlagenmaterial für die Kiefernertragstafeln WIEDEMANN 1948 darstellen.

Es kann unterstellt werden, daß auch in der Praxis die normale Behandlung der Kiefernbestände in großen Zügen derjenigen der „Ertragstafelbestände" entsprochen hat. Im allgemeinen haben zweifellos die mäßige und die starke Niederdurchforstung, mindestens bis zur Einführung der vorratspfleglichen Waldwirtschaft im Sinne von KRUTZSCH, vorgeherrscht.

Das Unterlagenmaterial, das den durchschnittlichen Frequenzkurven nach MITSCHERLICH zugrunde liegt, kann daher auch als „normal" im Sinne eines Ausgangs- bzw. Bezugsmaterials aufgefaßt werden. Bei den folgenden Darlegungen wird deshalb stets auf die Frequenzreihen von MITSCHERLICH Bezug genommen.

Die Abweichungen von diesen Reihen sind als Folgen der besonderen Hiebsführung bei unpfleglichen Eingriffen anzusehen.

Auf Abb. 4 sind einige durchschnittliche Kurvenverläufe der Frequenz normal behandelter Bestände nach MITSCHERLICH wiedergegeben, bei denen die Stammzahl bekanntlich als Prozentwert der Gesamtstammzahl über 2-cm-Durchmesserstufen angegeben ist. Eine weitgehende Ähnlichkeit dieser Kurvenverläufe mit der aus der mathematischen Statistik bekannten normalen theoretischen Verteilungskurve (GAUSZsche Glokkenkurve 7, 12, 14) ist offenkundig; daneben ist die für Stammzahlverteilungen über dem Durchmesser bei Beständen nach Erreichen des Bestandesschlusses charakteristische negative Asymmetrie der Verteilung recht gut erkennbar.

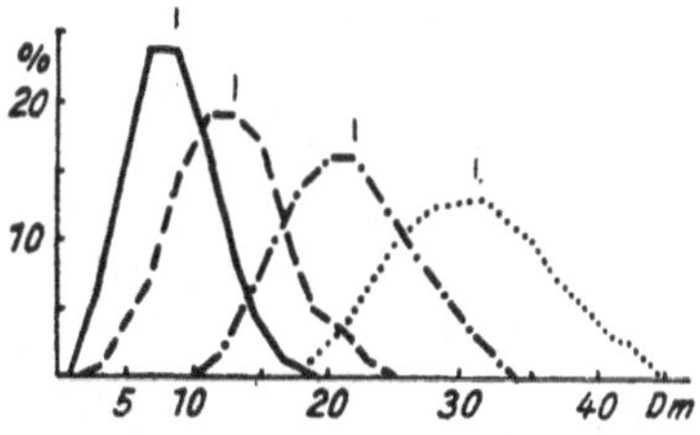

Abb. 4. Normale Stammzahlfrequenzreihen der Kiefer nach MITSCHERLICH
——— 40j. IV. Ekl.
-·-·-· 100j. IV. Ekl.
- - - - 40j. II. Ekl.
······ 100j. II. Ekl.

Die auf Abb. 5–9 dargestellten Stammzahlfrequenzkurven (ausgezogene Linien) bilden Kurvenverläufe, die den auf Abb. 1 wiedergegebenen Vergleichskurven recht ähnlich sind. In Abweichungen von MITSCHERLICH sind hierbei 1-cm-Durchmesserstufen gewählt. Der Kurvenverlauf wird dadurch wesentlich flacher.

Das Material, das diesen Frequenzkurven zugrunde liegt, ist sehr unterschiedlich im Hinblick auf Ertragsklasse, Bestandesalter und Stärke des Eingriffs (Grundflächenschluß).

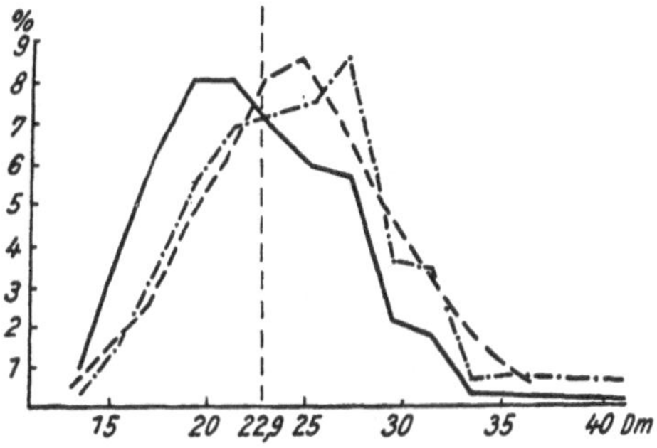

Abb. 5. Stammzahl- und Massenfrequenzreihen Kiefer
——— Stammzahlfrequenzreihe
-·-·-· Massenfrequenzreihe
- - - - normale Massenfrequenzreihe nach MITSCHERLICH
Ekl. I,4 Alter 57
Grundflächenschluß 0,97

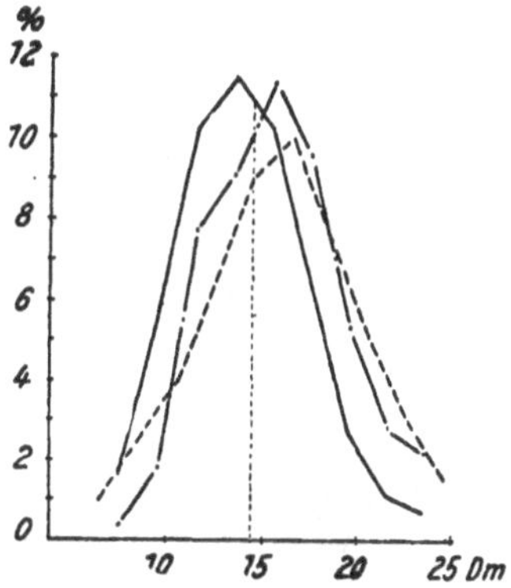

Abb. 6. Stammzahl- und Massenfrequenzreihen Kiefer
Ekl. IV,5 Alter 70
Grundflächenschluß 0,68

Sowohl die Durchmesservariationsbreite als auch die Gipfelhöhe der Verteilungskurven liegen in durchaus noch als normal zu bezeichnenden Größenbereichen. Auch die Asymmetrie der Kurven ist – der Ertragsklasse und dem Bestandesalter entsprechend – normal ausgeprägt.

Die Kurven zeigen, daß die Stärke der Auflichtung sehr gleichgültig sein kann. Die Strukturveränderung normaler Bestände nach unpfleglichen Eingriffen mäßiger bis extremer Stärke kann völlig gleichsinnig verlaufen, so daß sich die Unterschiede kaum abzeichnen. Auch von der Normalverteilung unterscheiden sich derartig behandelte Bestände nicht. Die Frequenzreihe ist in solchen Fällen ein Zeichen dafür, daß die Hiebe etwa dieselben Durchmesserstufen erfaßt haben, die auch bei normaler Behandlung getroffen würden. Es taucht dabei die Frage auf, ob es sich in solchen Fällen um eine pflegliche oder unpflegliche Hiebsführung handelt. Zweifellos kann man bei stärkerer plötzlicher Auflockerung etwa unter einem

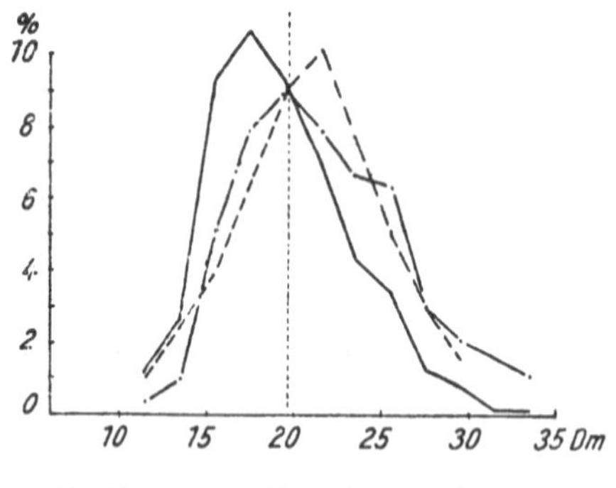

Abb. 7. Stammzahl- und Massenfrequenzreihen Kiefer
Ekl. II,8 Alter 52
Grundflächenschluß 0,65

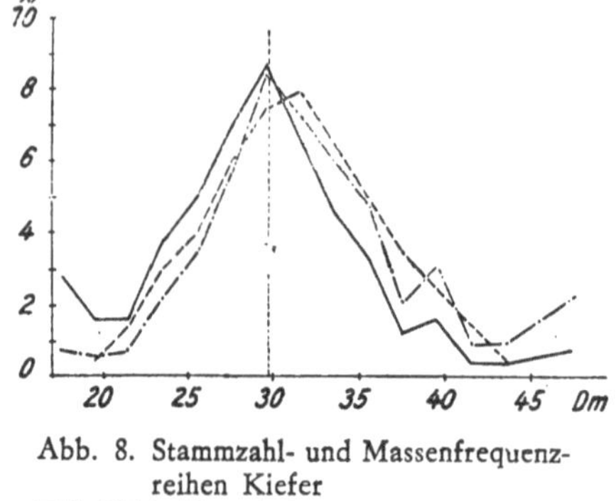

Abb. 8. Stammzahl- und Massenfrequenzreihen Kiefer
Ekl. III,4 Alter 102
Grundflächenschluß 0,57

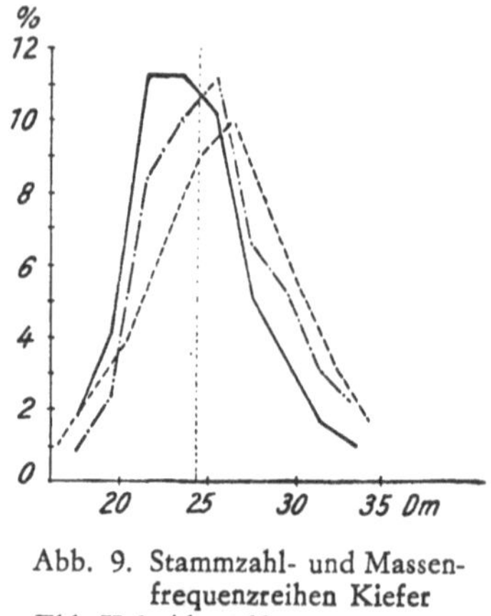

Abb. 9. Stammzahl- und Massenfrequenzreihen Kiefer
Ekl. II,6 Alter 69
Grundflächenschluß 0,45

Grundflächenschlußgrad von 0,6 kaum noch von Pflege sprechen, selbst wenn die allgemeinen Grundsätze normaler Stammauslese Anwendung finden. Das Potential eines Bestandes muß in solchen Fällen dadurch eine erhebliche Senkung erfahren, daß auf jeden Fall eine ganze Reihe leistungsfähiger und hochwertiger Stämme entnommen wird. Insofern sind also plötzliche starke Auflockerungen, gleich welcher Art, von vornherein als unpfleglich zu bezeichnen. Bei Auflockerungsgraden aller Stärken kann aber auch unter Wahrung eines dem Normalmaß entsprechenden Anteils der entnommenen Stämme an den Durchmesserstufen die Entnahme dann unpfleglich sein, wenn bei gleichem Durchmesser nicht die schlechtgeformten, sondern die guten Stämme zum Hieb kommen. Die Unpfleglichkeit liegt dann darin, daß von den Stämmen gleichen Durchmessers die besseren und nicht, wie im Normalfall, die schlechteren entnommen werden. Das braucht sich aber in der Stammzahlverteilung und der Durchmesserfrequenz keineswegs auszudrücken.

Es läßt sich daher aus einer Stammzahlverteilungskurve, die von der Normalverteilung nur wenig abweicht, nicht ohne weiteres erkennen, ob wirklich unpflegliche Behandlung vorliegt oder nicht. Die Möglichkeit ist auf jeden Fall mit der Einschränkung gegeben, daß durch den Hieb nicht einzelne Durchmesserstufen stark dezimiert sind. Es ist außerdem auch anzunehmen, daß dieser Typ verhältnismäßig selten vorkommt.

Insgesamt läßt sich zu den untersuchten Probeflächen mit normalen oder annähernd normalen Frequenzreihen folgendes sagen:

1. Strukturverteilungen, die der durchschnittlichen Stammzahlfrequenz ungefähr entsprechen, treten in geringer Anzahl auf. Etwa 15 % der untersuchten Probeflächen weisen derartige Stammzahlfrequenzen auf.
2. Am häufigsten sind normale oder annähernd normale Durchmesserstrukturen bei verhältnismäßig vollbestockten Flächen zu finden (rund 70 % sämtlicher untersuchter, derartiger Flächen). Der Anteil der normal strukturierten Bestockungen an der Gesamtzahl der Probeflächen eines Grundflächenschlußgrades nimmt – in großen Zügen gesehen – mit sinkendem Grundflächenschluß ab und beträgt bei 0,50 der Vollgrundfläche noch etwa 5 %.
3. Der Anteil annähernd normal strukturierter Probeflächen an der Gesamtzahl der untersuchten Flächen der einzelnen Grundflächenschlußgrade ist in großen Zügen in allen drei Waldgebieten der gleiche.
4. Die Unterschiede in der Art der Bestandesauflichtung sind in den einzelnen Revieren und Oberförstereien z. T. sehr erheblich. Sie finden – jedoch nur zum Teil – ihre Begründung in der sehr unterschiedlichen Verteilung der Holzmassen sowie in den Unterschieden der Massenstruktur der Reviere: Sortenhiebe bestimmten Ausmaßes haben allein schon auf Grund der selbst innerhalb eines Betriebes stark differierenden Massenhaltung sehr unterschiedliche Einflüsse auf die Bestandesstruktur ausgeübt.
5. Zwischen den einzelnen Ertragsklassen ergeben sich zunächst insofern Unterschiede in der Pfleglichkeit der Auflichtung, als in einigen Revieren mit einem

hohen Anteil von Beständen sehr geringer Ertragsklasse von unpfleglichen Einzelstammentnahmen zugunsten flächenweiser Nutzung großenteils abgesehen wurde. Darüber hinaus scheint der Anteil pfleglich aufgelichteter Bestockungen an der Gesamtbestockung der einzelnen Grundflächenschlußgrade mit besser werdender Ertragsklasse leicht abzunehmen.

b2) Frequenzreihen mit geringen Abweichungen von den Normalreihen

Abb. 10–16 geben Durchmesserstrukturen wieder, die zwar im großen und ganzen von der durchschnittlichen normalen Stammzahlfrequenz nicht wesentlich abweichen, sich jedoch durch charakteristische Symptome von ihr unterscheiden. So tritt häufig eine überdurchschnittliche Stammzahlkonzentration in den mittleren Durchmesserstufen – im Bereich der Gipfelhöhe der Stammzahlfrequenz – auf. Sie steht meistens in Verbindung mit einer mehr oder minder ausgeprägten Verschiebung des Gipfelpunktes der Frequenzreihe zum schwächeren Durchmesser (Abb. 10–14, 16), seltener zum stärkeren Durchmesser (Abb. 15) hin. Das hat, wie wir sehen werden, auch eine Verlagerung der Massenfrequenz zum schwächeren bzw. stärkeren Durchmesserbereich hin zur Folge.

Die starke Verlagerung der prozentualen Stammzahlanteile auf die Frequenzmitte geschieht meistens auf Kosten der äußersten Flanken der Frequenz, also auf Kosten der stärksten und schwächsten Stämme (Abb. 10 und 15).

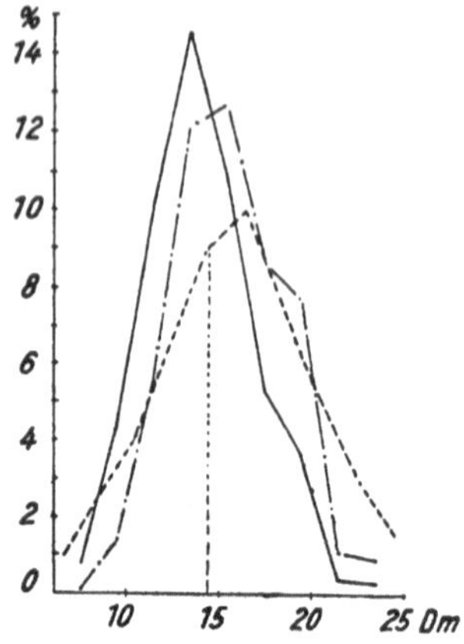

Abb. 10. Stammzahl- und Massenfrequenzreihen Kiefer
Ekl. IV,6 Alter 65
Grundflächenschluß 0,90
——— Stammzahlfrequenzreihe
–·–·– Massenfrequenzreihe
– – – – Normale Massenfrequenzreihe nach MITSCHERLICH

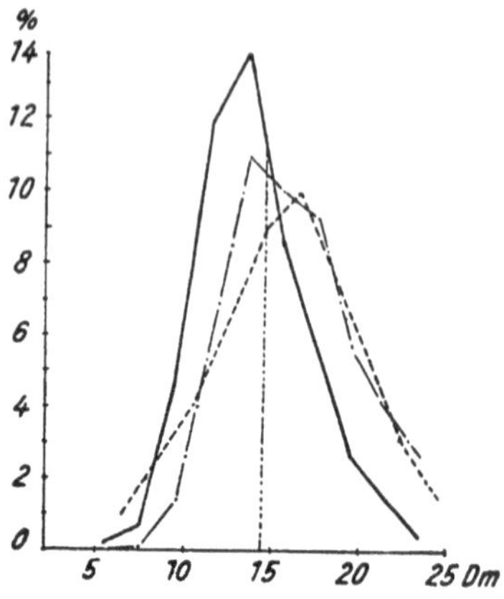

Abb. 11. Stammzahl- und Massenfrequenzreihen Kiefer
Ekl. IV,8 Alter 66
Grundflächenschluß 0,65

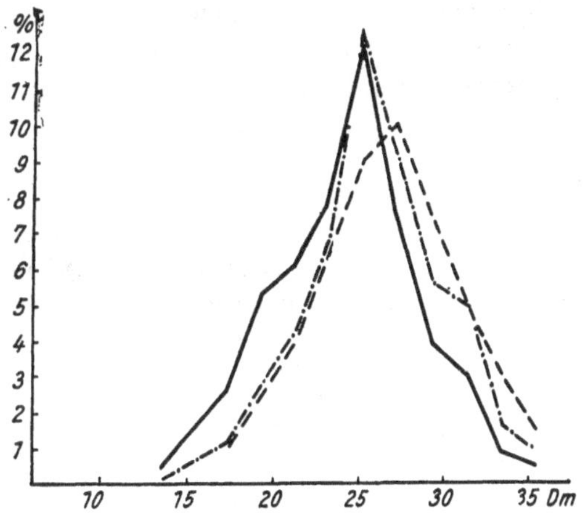

Abb. 12. Stammzahl- und Massenfrequenzreihen Kiefer
Ekl. II, Alter 102
Grundflächenschluß 0,54

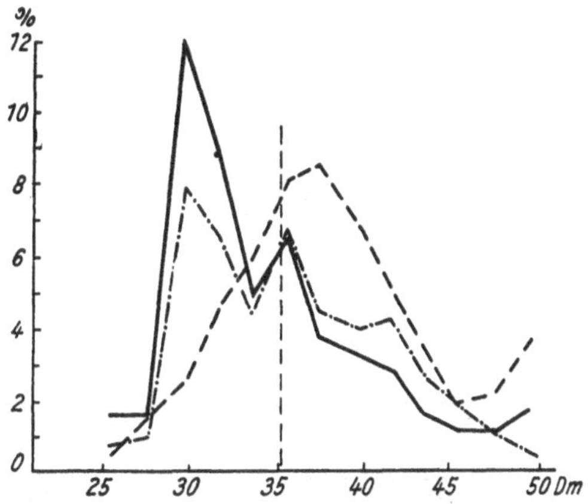

Abb. 13. Stammzahl- und Massenfrequenzreihen Kiefer
Ekl. III,2, Alter 140
Grundflächenschluß 0,66

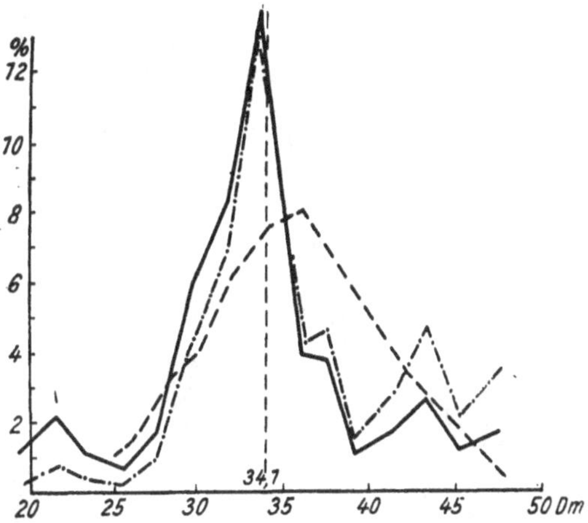

Abb. 14. Stammzahl- und Massenfrequenzreihen Kiefer
Ekl. I,2, Alter 60
Grundflächenschluß 0,69

Die übernormale Konzentration der Stammzahlen auf die mittleren Durchmesserklassen der Bestockung ist an sich noch nicht ausgesprochen nachteilig. Schäden, besonders für den weiteren Massenzuwachsgang, werden jedoch zu befürchten sein, wenn

1. die überhöhte Durchmesserfrequenz sich auf geringere Durchmesserstufen verlagert (Abb. 9, 10, 11, 13),
2. die überdurchschnittliche Konzentration von Stammzahlen in den mittleren Durchmesserklassen auf Kosten der stärksten Durchmesserstufen entstand (Abb. 13),
3. der Aushieb nicht nach bestandespfleglichen Gesichtspunkten, das heißt unter Schonung der technisch wie biologisch guten Zuwachsträger vorgenommen wurde. Etwa 15 % sämtlicher verlichteter Probeflächen dürften diesem Frequenztyp der unpfleglich behandelten Bestockungen angehören.

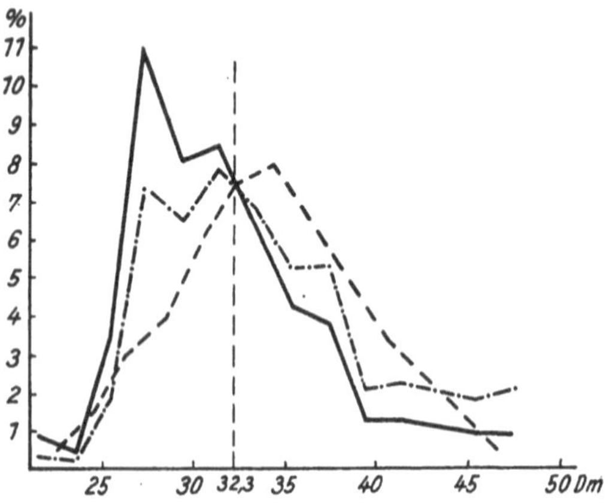

Abb. 15. Stammzahl- und Massenfrequenzreihen Kiefer
Ekl. I,0, Alter 74
Grundflächenschluß 0,44

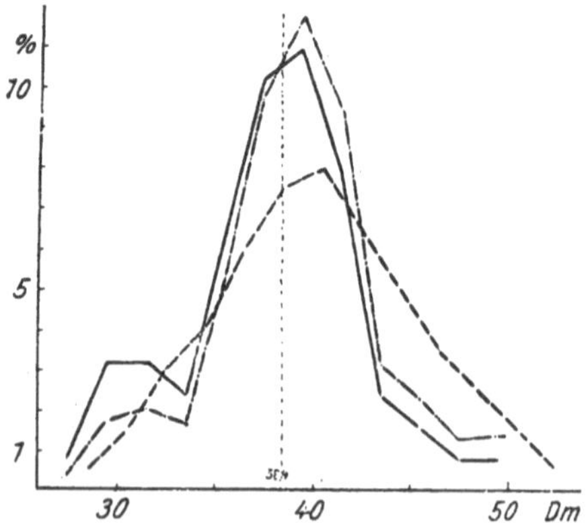

Abb. 16. Stammzahl- und Massenfrequenzreihen Kiefer
Ekl. II,9, Alter 97
Grundflächenschluß 0,64

Eine weitgehende Förderung des mittleren Frequenzbereiches auf Kosten der schwächsten Stämme ist zuwachsmäßig natürlich nicht von Nachteil. In der Frequenzkurve drückt sich ein solches Vorgehen oft in der Verlagerung der überhöhten Gipfelhöhe der Frequenzkurve zum stärkeren Durchmesser hin aus. Diese Form der Bestandesstruktur, die sich aus einem verhältnismäßig hohen Anteil guter Zuwachsträger aufbaut, ist jedoch nur in sehr wenigen Fällen angetroffen worden (rund 5 % sämtlicher Flächen der Grundflächenschlüsse 0,75 und weniger).

b3) Frequenzreihen mit starken Abweichungen von den Normalreihen

Den weitaus größten Anteil an der Gesamtzahl haben die Probeflächen, deren Struktur sich mit Auflichtung mehr oder minder weitgehend aufgelöst hat (etwa 70 % sämtlicher auf 0,75 und stärker aufgelichteter Probeflächen). Die Arten und Grade der Auflösung der Bestockungsstruktur sind begreiflicherweise sehr mannigfaltig. Es sollen hier nur einige typische Frequenzreihen „zerhauener" Bestände behandelt werden.

1. Auf Abb. 17–21 sind Frequenzreihen dargestellt, die eine starke Stammzahlreduktion im Bereich der mittleren Durchmesserklassen, das heißt im Bereich der Gipfelhöhe der normalen Frequenzkurven aufweisen. Das Kurvenbild ist meistens zweigipfelig, seltener mehrgipfelig. Die Gipfelhöhen sind im allgemeinen normal. Der Eingriff richtete sich hier auf die Frequenzbereiche, die im allgemeinen zugleich die höchste Massenfrequenz aufweisen und zweifellos den Kern des Kollektivs der guten Zuwachsträger umfassen. Ein starker und plötzlicher Eingriff in normal strukturierte Bestockungen, der ein derartiges Frequenzbild hinterläßt, gehört zweifelsohne zu den denkbar unpfleglichsten Hiebsmaßnahmen. Starke Sortenhiebe hinterlassen häufig ein solches Stammzahlfrequenzbild, das in Abb. 17, der Frequenzreihe eines 1948 im Zuge der Sortenumlage I/II aufgelichteten Bestandes, ungewöhnlich klar zum Ausdruck kommt. Frequenzreihen dieses Typs treten unabhängig von Ertragsklasse und Waldgebiet in verlichteten Bestockungen der Bestockungsgrade 0,75–0,50 auf. Etwa 15 % sämtlicher verlichteten Probeflächen dürften diesem Typ der zwei- und mehrgipfeligen gipfelverlagerten Frequenzreihen angehören.

2. Ebenfalls als Folge unpfleglicher Auflichtung tritt ein Frequenzreihentyp auf, der durch starke Eingriffe in die stärksten Durchmesserklassen entwickelt wird. Die Stammzahlfrequenz auf der Seite der stärksten Durchmesser „hängt in der Luft", sie klingt nicht ab, wie dies bei allen bisher erörterten Frequenzreihen der Fall war (Abb. 22 und 23). Zweifellos liegt auch hier, ebenso wie in dem unter 1. geschilderten Fall, ein Aushieb bestimmter Sorten bzw. Stärken vor. Die Auswertungen des vorliegenden Probeflächenmaterials ergaben, daß etwa 10 % sämtlicher auf 0,75 und stärker aufgelichteten Probeflächen auf die soeben geschilderte Weise behandelt worden sind. Auch von den besser bestockten Probeflächen ist ein geringer Prozentsatz nach ähnlichen Gesichtspunkten behandelt worden.

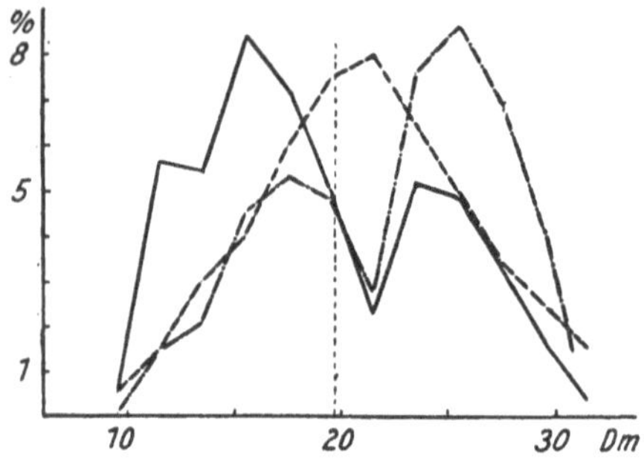

Abb. 17. Stammzahl- und Massenfrequenzreihen Kiefer
Akl. III,1 Alter 66
Grundflächenschluß 0,62

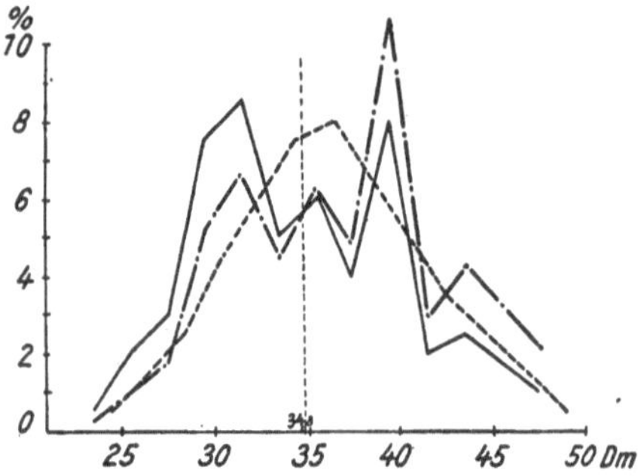

Abb. 18. Stammzahl- und Massenfrequenzreihen Kiefer
Ekl. III,2 Alter 125
Grundflächenschluß 0,69

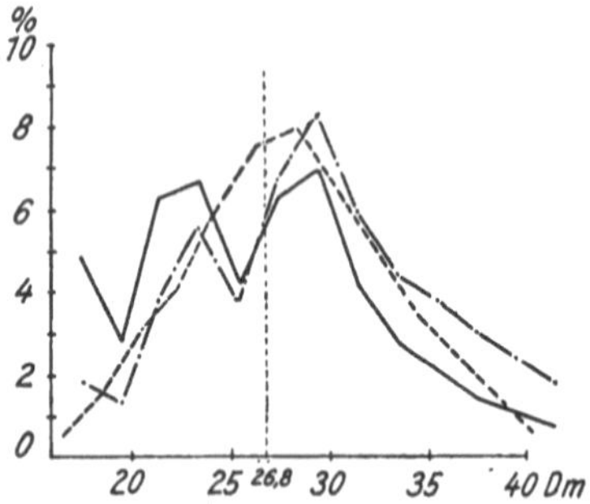

Abb. 19. Stammzahl- und Massenfrequenzreihen Kiefer
Ekl. I,2 Alter 60
Grundflächenschluß 0,44

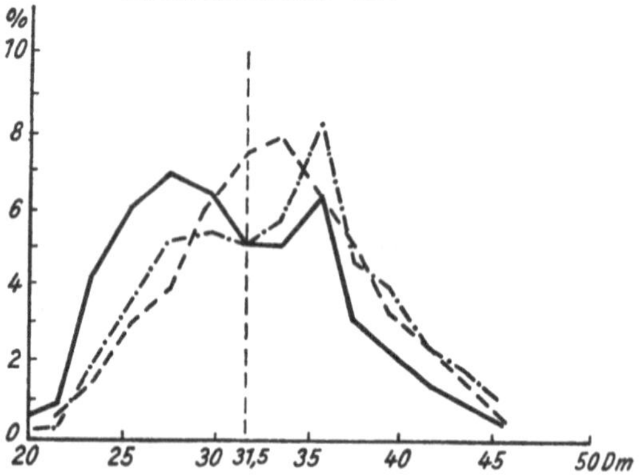

Abb. 20. Stammzahl- und Massenfrequenzreihen Kiefer
Ekl. III,2 Alter 106
Grundflächenschluß 0,57

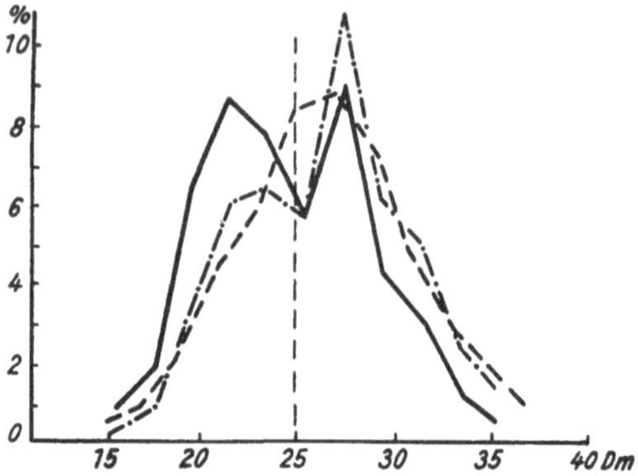

Abb. 21. Stammzahl- und Massenfrequenzreihen Kiefer
Ekl. I,2 Alter 57
Grundflächenschluß 0,90

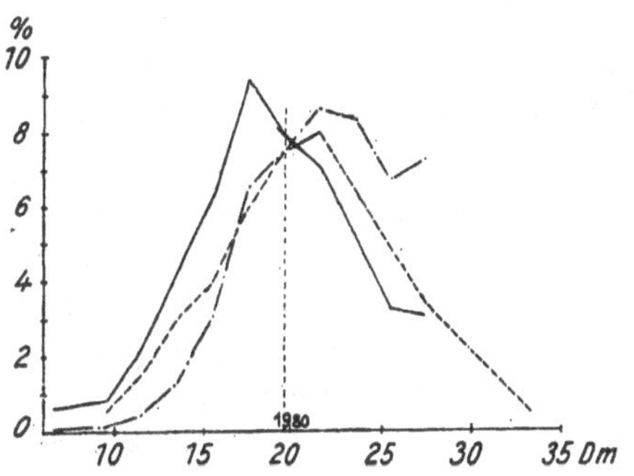

Abb. 22. Stammzahl- und Massenfrequenzreihen Kiefer
Ekl. V,3 Alter 98
Grundflächenschluß 0,61

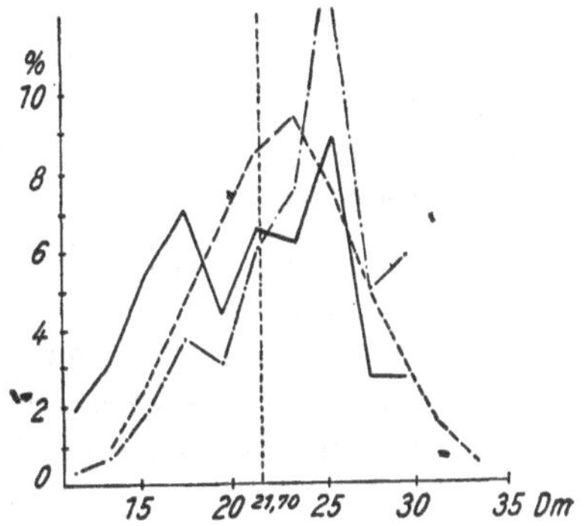

Abb. 23. Stammzahl- und Massenfrequenzreihen Kiefer
Ekl. IV,8 Alter 90
Grundflächenschluß 0,69

3. Auf etwa 20 % der Probeflächen sind Bestockungen vertreten, deren Frequenzkurven eine eindeutige Stammzahlverlagerung nach rechts bzw. links (Abb. 24) aufweisen. Die Stammzahlfrequenz in der Durchmesserklasse des Mittelstammes ist zumeist wesentlich geringer als unter durchschnittlichen normalen Bedingungen. Die Kurven ähneln den unter b1 beschriebenen, jedoch beschränkt sich die Stammzahlreduzierung nicht auf die mittleren Durchmesserstufen, sondern sie prägt sich daneben in anderen, wahrscheinlich ebenfalls wirtschaftlich wertvollen Durchmesserklassen aus. Die öfter beobachtete Stammzahlverlagerung zum schwächeren Durchmesser hin ist meistens mit einer Verminderung des Anteils guter Zuwachsträger verbunden. Die Verlagerung prozentual vieler Stämme auf die stärkeren Durchmesserstufen braucht, wenn sie durch bestandespflegliche Maßnahmen erreicht wurde, nur von geringem Nachteil für die weitere Entwicklung des Bestandes-

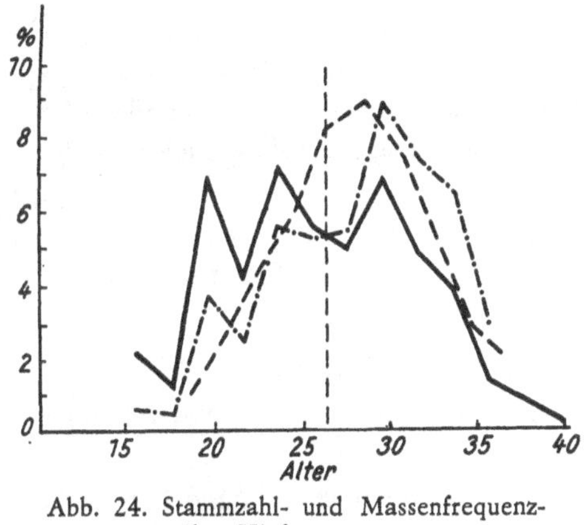

Abb. 24. Stammzahl- und Massenfrequenzreihen Kiefer
Ekl. I,3 Alter 64
Grundflächenschluß 0,52

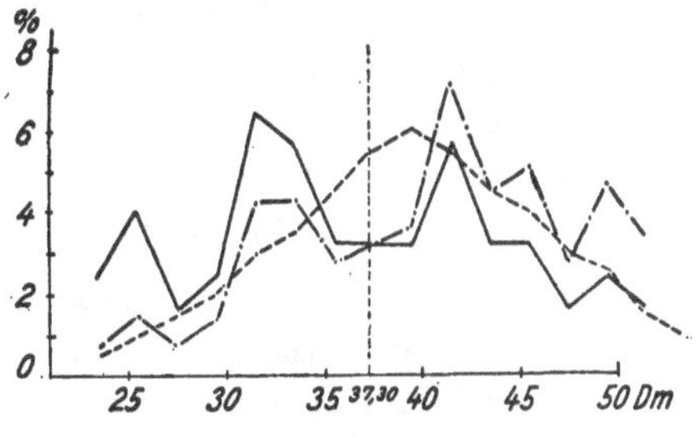

Abb. 25. Stammzahl- und Massenfrequenzreihen Kiefer
Ekl. II,5 Alter 96
Grundflächenschluß 0,44

massenzuwachses zu sein. Die Aufnahmen zeigten jedoch, daß hier die guten Zuwachsträger meistens stark reduziert wurden. Sortenumlagen werden oft den Aushieb biologisch wertvoller Stämme mit technisch einwandfreien Schäften notwendig gemacht haben.

4. Einen erheblichen Anteil an der Gesamtzahl der verlichteten Probeflächen (etwa 20 %) nehmen auch Bestockungen ein, deren Stammzahlfrequenzreihen etwa dem auf Abb. 25 dargestellten Frequenzreihentyp entsprechen. Besonders die älteren (über 80jährigen) und stark verlichteten Probeflächen sind diesem Typ zuzuordnen, jedoch auch einzelne jüngere und selbst nahezu vollbestockte Flächen gehören hierher. Dieser Frequenzreihentyp tritt in einer Vielzahl von Varianten auf, er ist aber allgemein dadurch gekennzeichnet, daß die Durchmesseramplitude sehr groß und die Stammzahlhäufigkeit verhältnismäßig gleichmäßig über die Durchmesserstufen verteilt ist. Sehr oft ist die Stammzahlhäufigkeit im mittleren Durchmesserbereich gering. Die Kurvenform ist zumeist mehrgipfelig. Der höchste prozentuale Stammzahlfrequenzwert liegt selten über 7 bis 8 %.

In diesem Frequenzreihentyp sind Probeflächen zusammengefaßt, deren Zuwachsträgerbestand in ganz verschiedenem Grade durch die Auflichtungen in Mitleidenschaft gezogen worden ist. Es dürfte sich hier mehr um eine Typengruppe als um einen Typ von Frequenzreihen handeln. Die Charakteristika der zuvor mitgeteilten Frequenzreihen treten hier großenteils nebeneinander auf. Im Durchschnitt ist der Anteil guter Zuwachsträger an der Gesamtbestockung merklich verringert worden.

b4) Zusammenfassung der Untersuchung an Stammzahlfrequenzreihen

Das aus der Aufnahme der Probeflächen gewonnene Material gestattet die Ausscheidung einer Reihe von Bestandesstrukturtypen, die sich als Folge mehr oder weniger unpfleglicher Behandlung entwickelt haben. Es ergeben sich folgende Möglichkeiten:

1. Die Bestandesstruktur wird gar nicht oder sehr wenig verändert, das Bild bleibt näherungsweise das gleiche wie bei der Normalverteilung. Bei stärkerer Auflockerung (0,6 und geringerer Grundflächenschluß) ist auch dann unpflegliche Behandlung anzunehmen, bei geringerer Auflockerung kann sie vorliegen (15 % der Probeflächen).
2. Ein verhältnismäßig geringes Maß an Unpfleglichkeit drückt sich in einer überdurchschnittlichen Stammzahlkonzentration in den mittleren Durchmesserstufen aus (20 % der Probeflächen).
3. Ein hohes Maß von Unpfleglichkeit lassen Frequenzreihen erkennen, die
   a) starke Stammzahlreduzierung im Bereich der mittleren Durchmesserstufen aufweisen (15 % der Probeflächen),
   b) in den stärksten Durchmesserstufen hohe Entnahmen erfahren haben, so daß die Frequenzkurve auf der Seite der stärksten Durchmesser in der Luft hängt (10 % der Probeflächen),

c) erhebliche Stammzahlverlagerungen nach rechts oder links bei gleichzeitiger Mehrgipfligkeit der Kurve zeigen (20 % der Probeflächen),

d) bei großer Durchmesseramplitude eine unregelmäßige Senkung der Stammzahlen erfahren haben (20 % der Probeflächen).

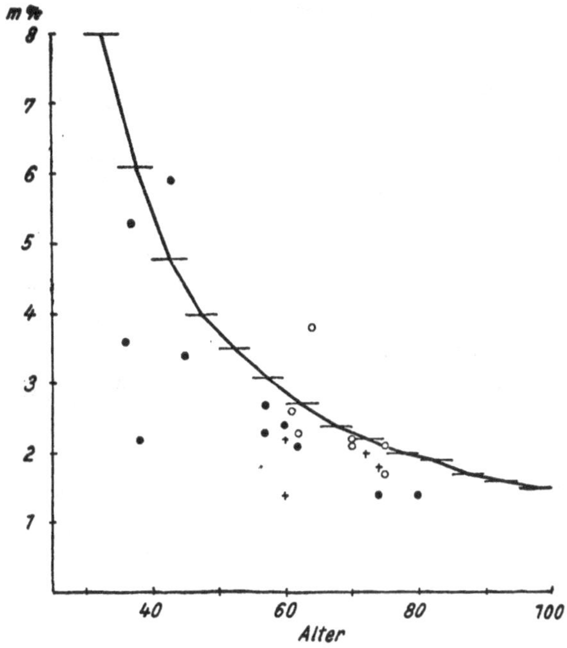

Abb. 26. Zuwachsprozent Kiefer I. Ekl. aller Waldgebiete
—— Ertragstafelkurve
• Grundflächenschluß 0,76–1,00
○ Grundflächenschluß 0,51–0,75
+ Grundflächenschluß 0,31–0,50
Durchschn. Grundflächenschluß 0,73
Durchschn. Ekl. I.2

b5) Untersuchung der Massenfrequenz

Die im vorstehenden Abschnitt über die Stammzahlfrequenz gewonnenen Untersuchungsergebnisse treffen in großen Zügen auch für die Massenfrequenz zu. Auf die Verhältnisse der Massenfrequenz in den einzelnen geschilderten Stammzahlfrequenztypen einzugehen erübrigt sich daher. Auf Abb. 5–25 sind neben den Stammzahlfrequenzkurven (ausgezogene Linien) auch die Massenfrequenzkurven (strichpunktierte Linien) wiedergegeben. Außerdem sind – abgeleitet aus den Unterlagen MITSCHERLICHs – die den einzelnen Massenfrequenzen entsprechenden durchschnittlichen Massenfrequenzreihen (gestrichelte Linien) aufgeführt. Im Vergleich zwischen Stammzahlfrequenz und durchschnittlicher Massenfrequenzreihe sind recht gute Einblicksmöglichkeiten in die Frequenzverhältnisse der einzelnen Probeflächen und deren Verhältnisse zur Normalstruktur gegeben.

Die zum Teil von der Normalfrequenz stark abweichenden Massenfrequenzen gestatten den Schluß, daß die prozentualen Anteile der einzelnen Holzsorten in den aufgelichteten Probeflächen sehr erheblich von dem jeweils unter normalen Bedingungen zu erwartenden Sortenanfall abweichen.

c) Das Zuwachsprozent an Derbholzmasse

Die zeichnerische Auftragung der Zuwachsprozentzahlen zeigt für die verschiedenen Ertragsklassen gewisse Abweichungen. Die verhältnismäßig wenigen Flächen der I. Ertragsklasse liegen fast durchweg unter der Ertragstafelkurve. Dabei lassen sich bei einem durchschnittlichen Grundflächenschluß von 0,73 innerhalb verschiedener Grundflächenschlußgrade kaum Unterschiede feststellen. Wir finden also eine ausgesprochene Senkung des Grundflächenzuwachsprozentes gegenüber den für vollen Schluß geltenden Werten der Ertragstafel.

In der II. Ertragsklasse ist die Tendenz zu einer Abweichung nach unten trotz des noch geringeren mittleren Grundflächenschlusses von 0,66 weniger stark ausgeprägt,

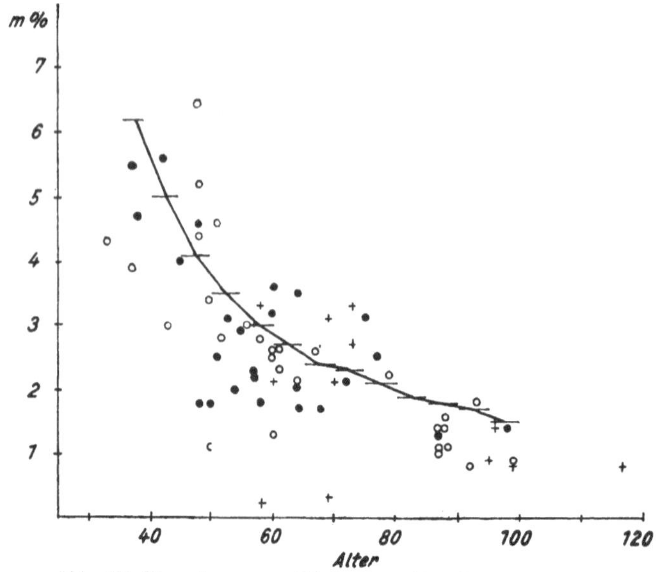

Abb. 27. Zuwachsprozent Kiefer II. Ekl. aller Waldgebiete
——— Ertragstafelkurve
• Grundflächenschluß 0,76–1,00
○ Grundflächenschluß 0,51–0,75
+ Grundflächenschluß 0,31–0,50
Durchschn. Grundflächenschluß 0,66
Durchschn. Ekl. II,1

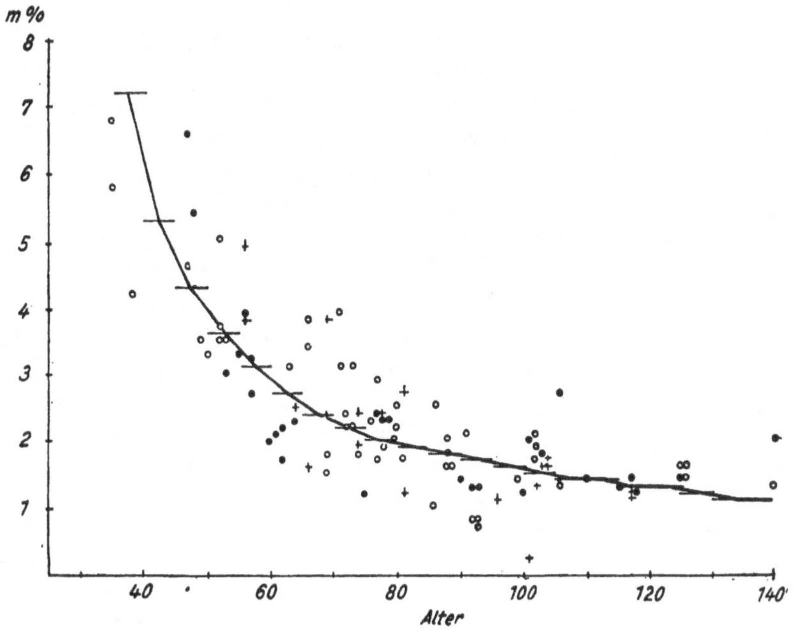

Abb. 28. Zuwachsprozent Kiefer III. Ekl. aller Waldgebiete
——— Ertragstafelkurve
• Grundflächenschluß 0,76–1,00
○ Grundflächenschluß 0,51–0,75
+ Grundflächenschluß 0,31–0,50
Durchschn. Grundflächenschluß 0,65
Durchschn. Ekl. III,0

jedoch liegt auch hier die überwiegende Zahl der Werte unterhalb der Ertragstafelangaben. Eine Staffelung nach Grundflächenschlußgraden ist ebenso wenig wie bei der I. Ertragsklasse zu erkennen. Wenn man die verschiedenen Behandlungsgrade der Ertragstafel – also starke Durchforstung und Lichtung – mit der mäßigen Durchforstung hinsichtlich des Zuwachsprozentes vergleicht, so findet man eine zwar nicht allzu starke, aber immerhin sich deutlich abhebende Überlegenheit der stärker aufgelichteten Bestände. Ein Vergleich der Zahlen zeigt dies in aller Deutlichkeit.

Tabelle 11

Zuwachsprozent der verschiedenen Behandlungsgrade bei der I. Ertragsklasse nach der Ertragstafel

	Alter				
	40	60	80	100	120
mäßige Durchforstung	6,1	3,1	2,0	1,5	1,2
starke Durchforstung	8,2	3,9	2,5	1,8	1,4
Lichtung	8,2	3,8	2,8	2,1	1,6

Zwischen starker Durchforstung und Lichtung sind Unterschiede in der Jugend zunächst nicht vorhanden, weil erst von 40 Jahren ab eine starke Absenkung der Bestandesgrundfläche bei der Lichtung eintritt und sich daher auch erst von diesem Zeitpunkt ab der Lichtungszuwachs bemerkbar machen kann.

Wenn bei den vorliegenden Untersuchungen sich gegenüber einer normalen Grundflächenhaltung bei stärkerer Auflockerung kein Ansteigen des Zuwachsprozentes, sondern vielmehr ein Absinken unter die Ertragstafelwerte findet, dann ist das eine sehr ungewöhnliche und erstaunliche Erscheinung. Sie läßt sich nur darauf zurückführen, daß die Entnahme zuwachskräftiger Stämme sehr ungünstig wirkt.

Die Zuwachsprozentwerte in der III. Ertragsklasse liegen bei einem durchschnittlichen Grundflächenschluß von 0,65 zweifellos in den Mittelwerten auf gleicher Höhe wie die der Ertragstafelkurve. Auch hier finden wir also keine Erhöhung des Zuwachsprozentes bei starker Auflockerung. Allerdings ist auch kein Absinken festzustellen, so daß die Schädigungen im Zuwachsprozent der mittleren Ertragsklasse offenbar nicht so groß sind wie auf den besseren Ertragsklassen. In der IV. Ertragsklasse zeigt das Kurvenbild, daß die meisten der Werte oberhalb der Ertragstafelkurve liegen. In der V. Ertragsklasse ist die Lage der Einzelwerte

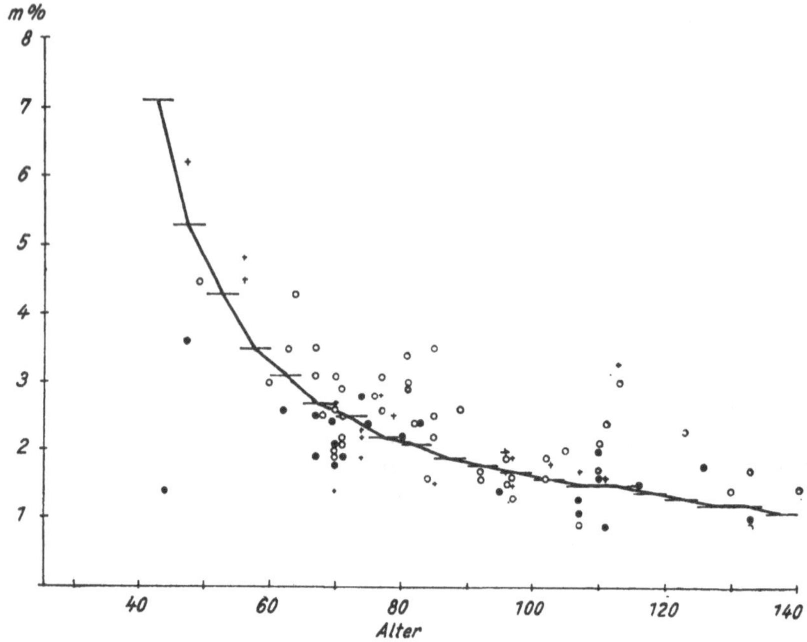

Abb. 29. Zuwachsprozent Kiefer IV. Ekl. aller Waldgebiete
—— Ertragstafelkurve
• Grundflächenschluß 0,76–1,00
○ Grundflächenschluß 0,51–0,75
+ Grundflächenschluß 0,31–0,50
Durchschn. Grundflächenschluß 0,66
Durchschn. Ekl. III,9

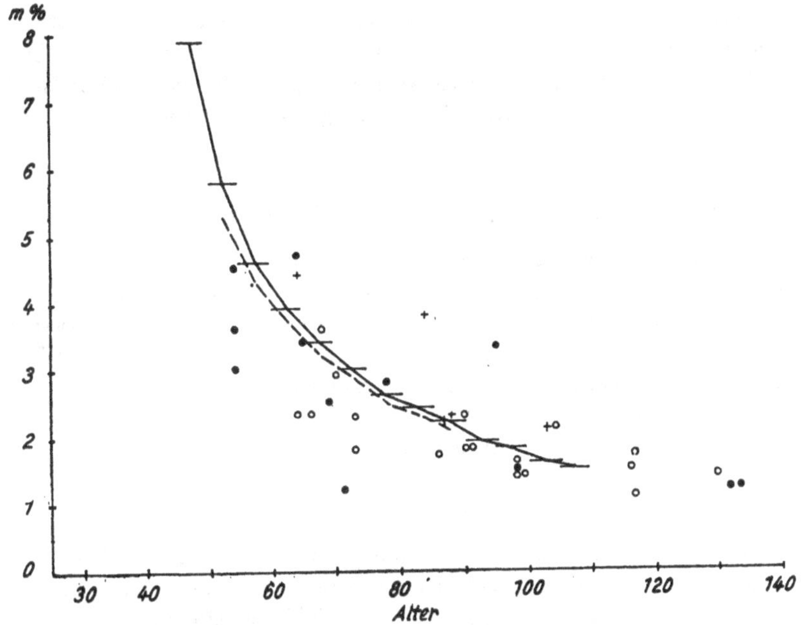

Abb. 30. Zuwachsprozent Kiefer V. Ekl. aller Waldgebiete
——— Ertragstafelkurve
- - - - Kurve des Zuwachsprozentes f. Ekl. IV,7
• Grundflächenschluß 0,76–1,00
○ Grundflächenschluß 0,51–0,75
+ Grundflächenschluß 0,31–0,50
Durchschn. Grundflächenschluß 0,67
Durchschn. Ekl. IV,7

ziemlich ausgeglichen. Hier ist allerdings geltend zu machen, daß der Ertragsklassendurchschnitt nur bei IV, 7 liegt und daher die durchschnittliche Ertragsklasse der Einzelflächen sich der IV. relativ stark nähert. Zeichnet man die interpolierte Kurve für IV, 7 Ertragsklasse ein, dann verändert sich das Bild etwas. Auch bei den mittleren und geringen Ertragsklassen kann man keine stärkere Heraushebung der Flächenwerte mit geringem Grundflächenschluß feststellen.

Die Zuwachsprozente der Probeflächen ergeben also mit einiger Deutlichkeit auf den besseren Ertragsklassen ein Absinken, auf den mittleren ein Gleichbleiben und auf den geringen ein leichtes Ansteigen der Zuwachsprozente gegenüber der Ertragstafel mit vollem Grundflächenschluß. Eine allgemeine Hebung des Zuwachsprozentes ist also offenbar nur dann zu erwarten, wenn die Eingriffe pfleglich erfolgen. Im anderen Fall verhalten sich die guten Standorte ungünstiger als die geringen Standorte. Das liegt zweifellos daran, daß auf den guten Standorten der durch die unpflegliche Auflockerung verursachte Lichtungszuwachs im Verhältnis zu der relativ hohen Masse des verbleibenden Bestandes weniger ins Gewicht fällt als bei normaler Behandlung. Bei den an sich geringen Stammzahlen der guten

Ertragsklassen wirkt sich eine Entnahme von Stämmen mit hoher Zuwachspotenz ungünstiger aus als auf den geringen Ertragsklassen. Auf diesen sind die Stammzahlen hoch, und jeder Eingriff, auch wenn er unpfleglich erfolgt, führt zu einem Lichtungszuwachs, der im Verhältnis zu der geringen Bestandesmasse ebenfalls hoch erscheint.

d) Der absolute laufend jährliche Derbholzmassenzuwachs

Die absoluten Zuwüchse sind in gleicher Form wie die Zuwachsprozente zeichnerisch dargestellt worden. Sie zeigen in allen Ertragsklassen bei vermindertem Grundflächenschluß naturgemäß eine geringere Höhe als bei vollbestockten Beständen, wie sie in der Ertragstafel angenommen werden. Zur Auswertung des Zahlenmaterials der Probeflächen erfolgte eine Zusammenfassung nach folgenden Grundflächenschlußstufen:

0,76–1,00
0,51–0,75
0,50 und tiefer.

Die Zahlen für die Zuwachstabellen erhielt ich durch arithmetische Mittelung der Zuwachszahlen innerhalb der drei Grundflächenschlußstufen und durch graphischen Ausgleich. Ein mathematischer Funktionsausgleich, der an sich zwar schwierig, aber möglich gewesen wäre, schien mir nicht zweckmäßig. Ich halte vielmehr in derartigen Fällen eine möglichst enge Anlehnung an wirklich gefundene Werte für richtiger.

Allgemein läßt sich bei der Betrachtung des absoluten Massenzuwachses ebenso wie bei der Besprechung des Zuwachsprozentes sagen, daß auf den guten Ertragsklassen das Absinken des absoluten Zuwachses in sehr viel ausgeprägterer Form in Erscheinung tritt als auf den geringeren Ertragsklassen. In den jüngeren Lebensaltern ist die Überlegenheit der wirklichen Zuwachswerte auf den mittleren und geringeren Ertragsklassen im groben Durchschnitt größer, das heißt, die jüngeren Bestände sind eher in der Lage, eine durch unpflegliche Hiebe hervorgerufene Schädigung zuwachsmäßig auszugleichen als Bestände höheren Alters.

e) Die Unterschiede im Zuwachs verschiedener Waldgebiete

Als Ergebnis einer neueren Bearbeitung von langfristigen Kiefernversuchsflächen (6) konnte vor einiger Zeit festgestellt werden, daß die Ertragsklassenkonstanz für die drei Waldgebiete der Kiefer, Nordbrandenburg-Mecklenburg, Sachsen-Anhalt, Nordsachsen-Südbrandenburg, nicht gleich ist. Auf der Grundlage der Beobachtung dieser Flächen konnte für das Waldgebiet Nordbrandenburg-Südmecklenburg eine leichte Verminderung der Ertragsklasse nachgewiesen werden. Im Gegensatz dazu zeigten die langfristigen forstlichen Versuchsflächen im anhaltinischen Kiefernnaturverjüngungsgebiet eine auffallende Bonitätssteigerung im Verlauf ihres Lebens, die bis zu $^1/_{10}$ Gütegrad innerhalb von 10 Jahren ging. Auf den ärmeren Sanden der südlichen Mark und des nördlichen Sachsens haben wir dagegen wieder mit einer Bonitätsminderung, die im großen Durchschnitt bei 0,16 Gütegraden pro Jahrzehnt liegt, zu rechnen. Die geschilderten Bonitätsverschiebungen spielen sich nicht gleichmäßig während des gesamten Lebenszeitraumes der Kiefer ab. Während auf den armen Sandböden, die unter Feuchtigkeitsmangel zu leiden haben, schon frühzeitig Stockungen des Höhenwachstums einsetzen, verläuft das Höhenwachstum auf den

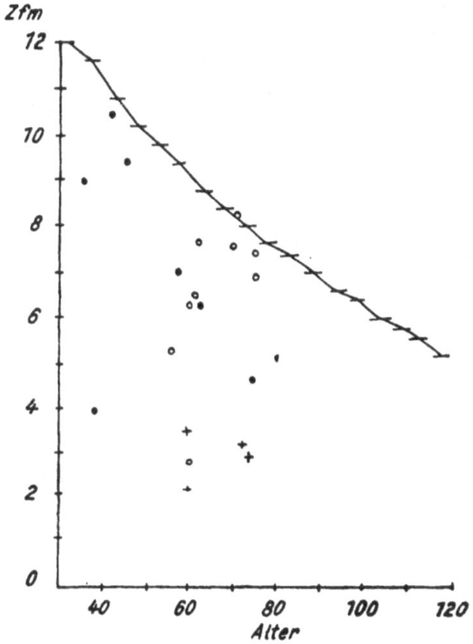

Abb. 31. Absoluter Zuwachs Kiefer I. Ekl. aller Waldgebiete
—— Ertragstafelkurve
• Grundflächenschluß 0,76–1,00
○ Grundflächenschluß 0,51–0,75
+ Grundflächenschluß 0,31–0,50

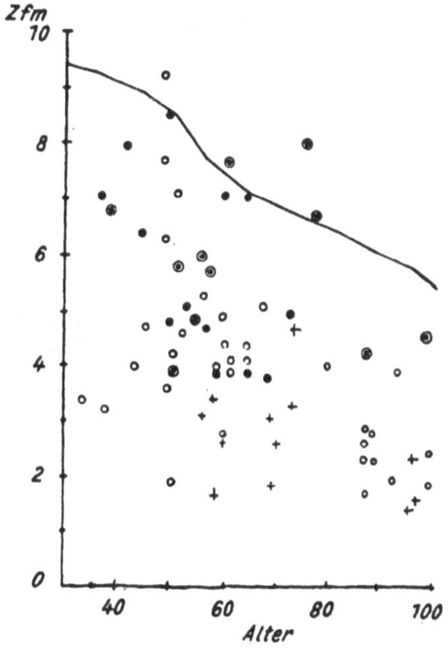

Abb. 32. Absoluter Zuwachs Kiefer II. Ekl. aller Waldgebiete
—— Ertragstafelkurve
⊙ • Grundflächenschluß 0,76–1,00
○ Grundflächenschluß 0,51–0,75
+ Grundflächenschluß 0,31–0,50

besseren jungdiluvialen Böden bis zum höheren Alter ertragstafelgleich und läßt erst dann nach. SCHWAPPACH (16) schätzt die Kieferngebiete des sachsen-anhaltinischen Raumes in ihrer Leistung anders ein als benachbarte Kieferngebiete insofern, als er sächsische und schlesische Kiefern als bei gleichem Alter und bei gleicher Höhe entschieden massenreicher findet, und auch WIEDEMANN und MITSCHERLICH beschäftigen sich mit der Leistung der Kiefer in verschiedenen Waldgebieten (23, 10). Im Rahmen der schon angeführten Untersuchungen (6) ergab sich nun für die Kieferngebiete Sachsen-Anhalts eine Leistungsüberlegenheit, die auf guten Bonitäten bis zu 1 fm dgz gehen kann. Auf geringeren Bonitäten liegt sie zwischen 0,2–0,5 fm dgz. Auf Grund der durch die angeführten Untersuchungen

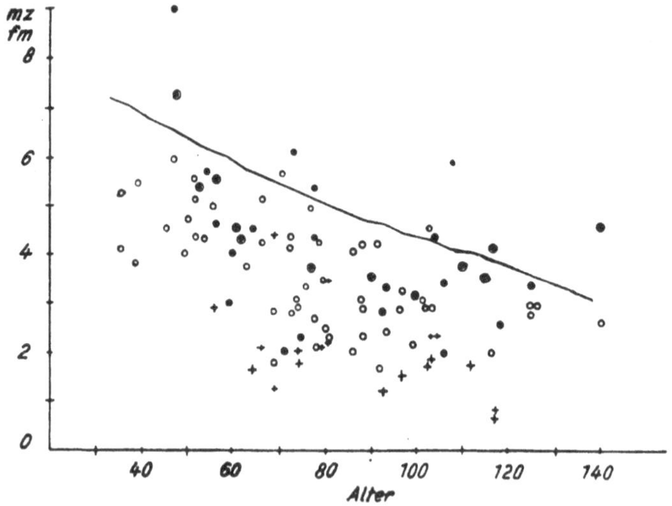

Abb. 33. Absoluter Zuwachs Kiefer III. Ekl. aller Waldgebiete
——— Ertragstafelkurve
⊙ • Grundflächenschluß 0,76–1,00
○ Grundflächenschluß 0,51–0,75
+ Grundflächenschluß 0,31–0,50

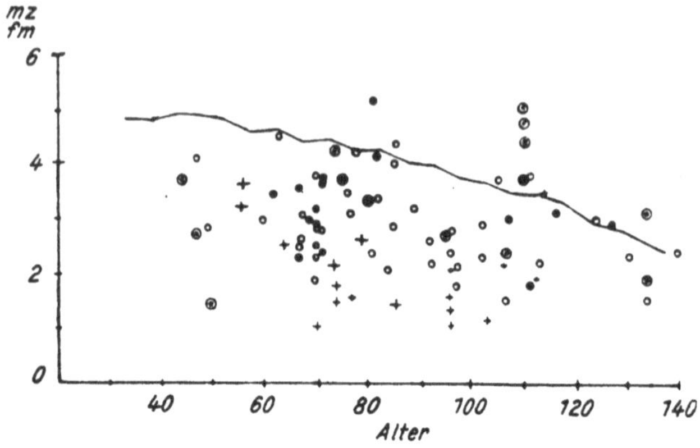

Abb. 34. Absoluter Zuwachs Kiefer IV. Ekl. aller Waldgebiete
——— Ertragstafelkurve
⊙ • Grundflächenschluß 0,76–1,00
○ Grundflächenschluß 0,51–0,75
+ Grundflächenschluß 0,31–0,50

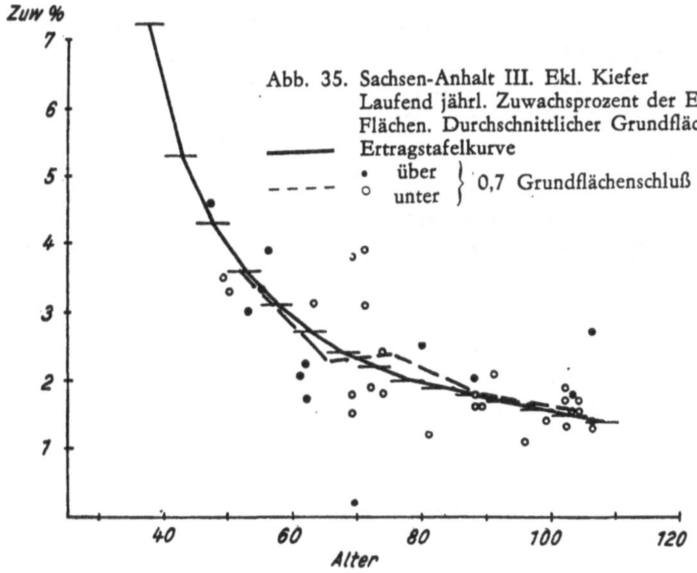

Abb. 35. Sachsen-Anhalt III. Ekl. Kiefer
Laufend jährl. Zuwachsprozent der Ertragstafel und der Flächen. Durchschnittlicher Grundflächenschluß 0,63
——— Ertragstafelkurve
- - - - • über ○ unter } 0,7 Grundflächenschluß

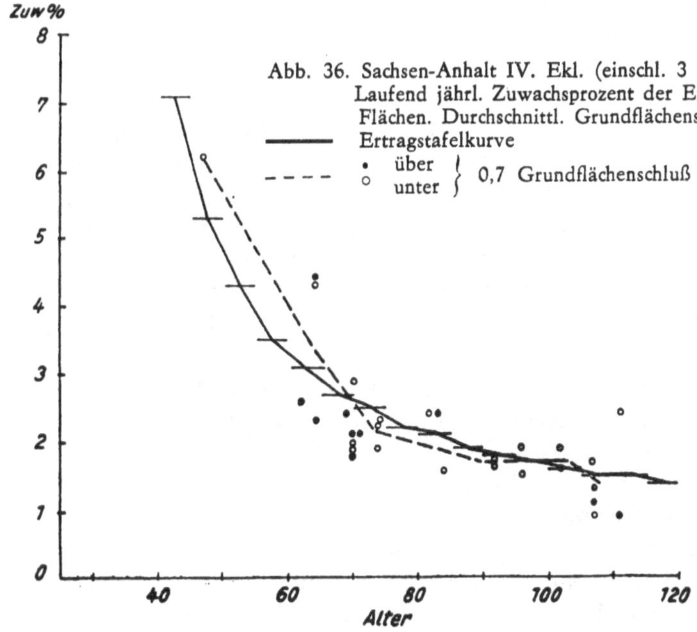

Abb. 36. Sachsen-Anhalt IV. Ekl. (einschl. 3 Fl. V) Kiefer
Laufend jährl. Zuwachsprozent der Ertragstafel und der Flächen. Durchschnittl. Grundflächenschluß 0,65
——— Ertragstafelkurve
- - - - • über ○ unter } 0,7 Grundflächenschluß

gefundenen Differenzierungen sind nun auch in der vorliegenden Arbeit die Zuwachsleistungen der drei Waldgebiete einer Prüfung unterzogen worden. Die Abb. 35–44, die einige Zuwachsprozentkurven zur Darstellung bringen, vermitteln ein Bild des Ergebnisses. Von der zeichnerischen Darstellung der absoluten Zuwüchse wurde abgesehen.

In Nordbrandenburg und Mecklenburg (Abb. 39–42) liegt in der I. Ertragsklasse das durchschnittliche Zuwachsprozent der gefundenen Werte sehr viel tiefer als das Zuwachsprozent der Ertragstafel. Es sind auch die absoluten Zuwüchse dort sehr niedrig, sie liegen weit unter den mit dem Grundflächenschluß reduzierten Ertragstafelzuwüchsen. Auch in der II. Ertragsklasse liegen die Verhältnisse ähnlich, allerdings sind die Differenzen zur Ertragstafel nicht mehr ganz so groß. In der III. Ertragsklasse stimmen Zuwachsprozent der Tafel und gefundenes Zuwachsprozent fast überein, daher sind auch die absoluten laufend jährlichen Zuwüchse im großen und ganzen ebenso hoch wie die mit dem Grundflächenschluß reduzierten Zuwüchse. In der IV. und V. Ertragsklasse liegen die Zuwachsprozentwerte teilweise erheblich über den Prozentwerten der Tafel, die absoluten Zuwüchse sind daher größer als die mit dem Grundflächenschluß reduzierten Ertragstafelzuwüchse.

Im Waldgebiet Sachsen-Anhalt liegen ebenfalls auf der I. und II. Ertragsklasse die Zuwachsprozentwerte unter den Ertragstafelwerten, während bei der III. und IV. Ertragsklasse (Abb. 35, 36) die Werte ungefähr auf der gleichen Höhe liegen. Demzufolge sind auch die laufenden Massenzuwüchse der II. Ertragsklasse etwas tiefer als die reduzierten Ertragstafelzahlen, und die laufenden Zuwüchse der III. und IV. Ertragsklasse sind annähernd ebenso hoch wie die mit dem Grundflächenschluß reduzierten Ertragstafelmassenzuwüchse. Im Waldgebiet Sachsen-Anhalt finden wir demnach eine ähnliche Tendenz wie im Waldgebiet Nordbrandenburg-Südmecklenburg. Die Verhältnisse sind aber längst nicht so scharf ausgeprägt.

Im Waldgebiet Nordsachsen-Südbrandenburg liegen die Zuwachsprozente bei der II., III. und IV. Ertragsklasse (Abb. 37, 38) auf etwa derselben Höhe wie die Zuwachswerte der Ertragstafel. Die absoluten Massenzuwüchse sind daher von den reduzierten Ertragstafelwerten kaum nennenswert zu unterscheiden. Sie liegen lediglich bei der IV. Ertragsklasse etwas höher, da auf diesen Flächen auch die Zuwachsprozente eine Kleinigkeit über den Ertragstafelwerten liegen. Die V. Ertragsklasse, die wegen der wenigen Werte zeichnerisch nicht erläutert wurde, zeigt gleiche Tendenz.

Insgesamt kann also festgestellt werden, daß das Waldgebiet Nordbrandenburg-Südmecklenburg insofern aus dem Rahmen fällt, als auf den besseren Ertragsklassen eine besonders auffallende Senkung des Zuwachsprozentes durch unpfleglichen Aushieb erfolgt ist. In den mittleren Ertragsklassen ist das Zuwachsprozent gleich der Tafel, auf den geringeren erhöht es sich.

Die Tendenz einer stärkeren Schädigung besserer Ertragsklassen durch unpflegliche Hiebe in zuwachsmäßiger Hinsicht zeigt sich in gleicher Weise im Waldgebiet Sachsen-Anhalt, wenn auch die Differenzierung hier nicht so stark hervortritt. In Nordsachsen-Südbrandenburg ist diese Tendenz nur insofern zu erkennen, als auf

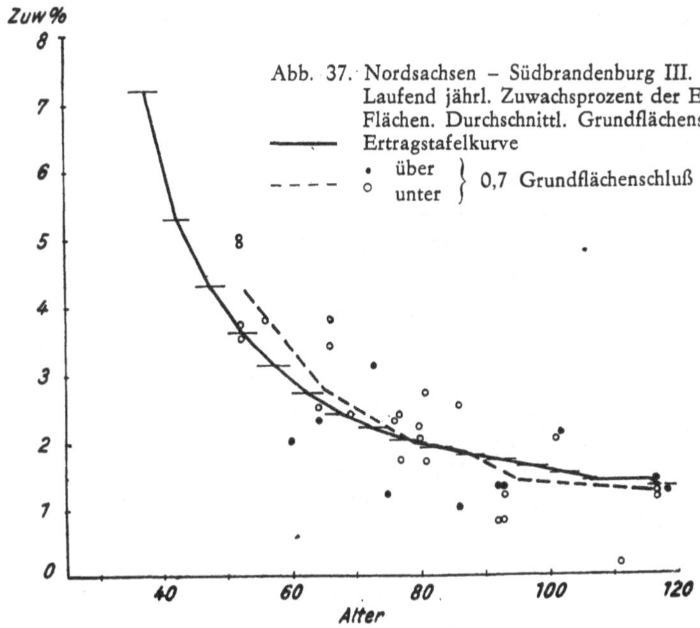

Abb. 37. Nordsachsen – Südbrandenburg III. Ekl. Kiefer
Laufend jährl. Zuwachsprozent der Ertragstafel und der Flächen. Durchschnittl. Grundflächenschluß 0,58
——— Ertragstafelkurve
- - - - • über ○ unter } 0,7 Grundflächenschluß

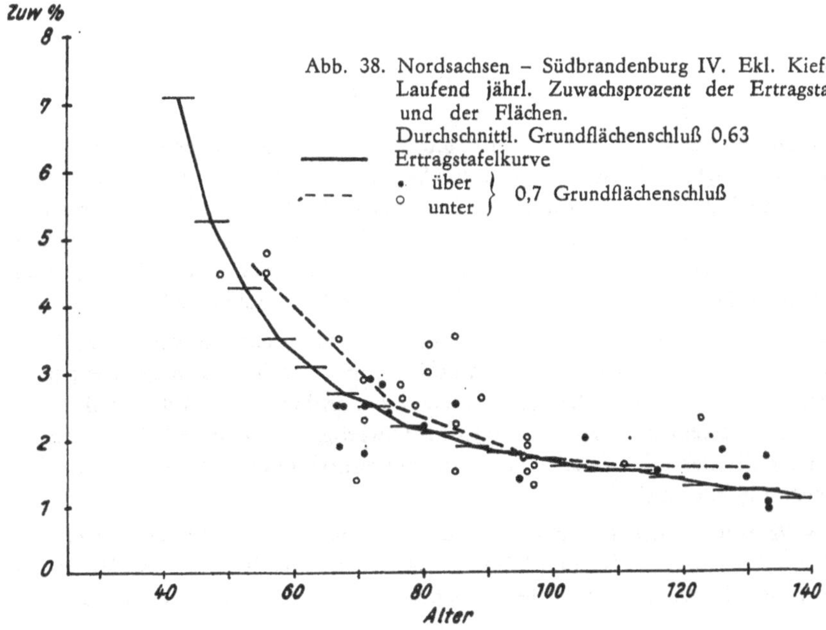

Abb. 38. Nordsachsen – Südbrandenburg IV. Ekl. Kiefer
Laufend jährl. Zuwachsprozent der Ertragstafel und der Flächen.
Durchschnittl. Grundflächenschluß 0,63
——— Ertragstafelkurve
- - - • über ○ unter } 0,7 Grundflächenschluß

den geringen Ertragsklassen eine Erhöhung des Zuwachsprozentes bei unpfleglicher Behandlung gegenüber den Ertragstafelwerten eintritt.

Als Ergebnis dieser Beobachtung kann demnach festgestellt werden, daß die stärksten Schädigungen der Zuwachsleistung auf den jungdiluvialen Böden zu erwarten sind. Diese sind nährstoffmäßig zweifellos besser als die älteren Ablagerungen und ermöglichen der Kiefer eine allgemein größere Wachstumsintensität. Auch daran läßt sich die Tatsache einer stärkeren Beeinflussung des Zuwachses durch unpflegliche Hiebe bei größerer Wuchsenergie erkennen, die schon bei der Gegenüberstellung der Ertragsklassen hervortrat.

Die Untersuchungen des vorhergehenden Abschnittes haben ergeben, daß im Zuwachsprozent und damit auch im absoluten Zuwachs gewisse Differenzierungen zwischen den einzelnen Waldgebieten vorliegen. Es war in diesem Zusammenhang die Frage zu prüfen, ob diese Differenzierungen so bedeutend sind, daß für die drei Waldgebiete jeweils besondere Reduktionstabellen entwickelt werden müssen. Die Methodik, nach der eine derartige Prüfung vorzunehmen ist, bringt nun allerdings gewisse Schwierigkeiten mit sich. Rein visuell wird es kaum möglich sein, eine Entscheidung zu treffen. Unter Anwendung statistischer Prüfverfahren läge es am nächsten, mit Hilfe des „Prüfens von Abhängigkeiten" (7) zu untersuchen, ob zwischen den graphisch ausgeglichenen, nach Bonitäten und Grundflächenschlüssen getrennten Entwicklungskurven des Zuwachsprozentes bzw. des absoluten Zuwachses über dem Alter statistisch gesicherte Unterschiede bestehen oder nicht. Leider ist dieser Prüfgang nicht durchführbar, da die eben erwähnten Entwicklungskurven weder als einfache lineare Regressionslinien noch als solche in Form von Hyperbeln ohne Zwang berechnet werden können, weil sie eben biologische Entwicklungskurven sind.

Die Korrelationsrechnung kann nur mittelbar zur Prüfung der waldgebietsweisen Unterschiede von Zuwachsprozent und absolutem Zuwachs herangezogen werden, indem die korrelative Abhängigkeit vergleichbarer Alter der nach steigender Wertigkeit auf der Abszisse aufgetragenen Waldgebiete von ihren zugehörigen Zuwachswerten berechnet wird. Ist der auf diese Weise ermittelte Korrelationskoeffizient hoch, so ist mit großer Wahrscheinlichkeit anzunehmen, daß erhebliche Unterschiede zwischen den Zuwachswerten der 3 ausgeschiedenen Waldgebiete bestehen. Daß jedoch das Gegenteil der Fall ist, beweist das wirklich angewandte, im folgenden dargelegte Prüfverfahren in Form des „Prüfens von Durchschnitten" (7).

Zu diesem Zwecke wurden für die einzelnen Zuwachsprozentkurven waldgebietsweise innerhalb der Ertragsklassen sämtliche Einzelwerte des gesamten Streubandes bestimmter Altersintervalle herausgegriffen, deren arithmetische Mittel gebildet, die Differenzen derselben zu den jeweiligen Mittelwerten der gesamten DDR gebildet und mit Hilfe des t-Testes festgestellt, ob die auftretenden Differenzen statistisch gesichert sind oder nicht.

Auf S. 92 werden die Ergebnisse dieser Berechnung wiedergegeben (Tab. 13). Es sind dabei in der II., III. und IV. Ertragsklasse jeweils die Alter von 50–75 und von 76–100 Jahren zusammengefaßt worden. Alle Zuwachsprozentwerte dieser beiden Altersklassen wurden innerhalb der drei Waldgebiete zusammengezogen und in das Verhältnis zum jeweiligen Wert in der gesamten DDR gesetzt. Dabei ergibt sich in der Altersklasse von 50–75 Jahren bei allen drei Ertragsklassen, daß von 9 Differenzen 8 nicht gesichert und 1 Wert gut gesichert ist. In der Altersklasse von 76–100 Jahren sind von 8 Werten 7 nicht gesichert, und 1 Differenz ist sehr gut gesichert. Die einzelnen P-Prozentzahlen liegen, wie die Berechnung ergibt, im großen und ganzen außerordentlich hoch. Es liegen nur noch 2 Werte in der Nähe der Sicherungsgrenze, die übrigen P-Werte reichen aber bis zu Werten > 92 %. Angesichts dieses Ergebnisses erscheint es nicht gerechtfertigt, für die einzelnen Waldgebiete besondere Tabellen für Zuwachsprozente und absolute Zuwüchse aufzustellen. Vielmehr wird es praktisch genügen, wenn man die für die DDR aufgestellten Sammeltabellen benutzt. Es ist aber im Auge zu behalten, daß gewisse charakteristische Unterschiede in der Zuwachsleistung der Kiefer für die 3 ausgeschiedenen Waldgebiete vorliegen.

f) Zuwachstabellen nach Ertragsklasse, Alter und Grundflächenschluß

Es kam nun darauf an, aus den Zuwachskurven für die Praxis brauchbare Zahlen zu finden. Eine Zusammenfassung der Grundflächenschlußgrade 0,76–1,00; 0,51 bis 0,75 und 0,50 und tiefer ist zweifellos zu grob und infolge dieser Zusammenfassung auch praktisch nicht verwertbar. Ich habe daher aus den Kurven, die mit Hilfe der errechneten Zuwachswerte gewonnen wurden, durch Interpolation auf Zehntelschlußgrade Tabellen aufgestellt. In ihnen sind nach Ertragsklassen gegliedert für sämtliche Grundflächenschlußgrade von 1,0–0,4 Massen, absolute Massenzuwachswerte und Massenzuwachsprozentwerte enthalten.

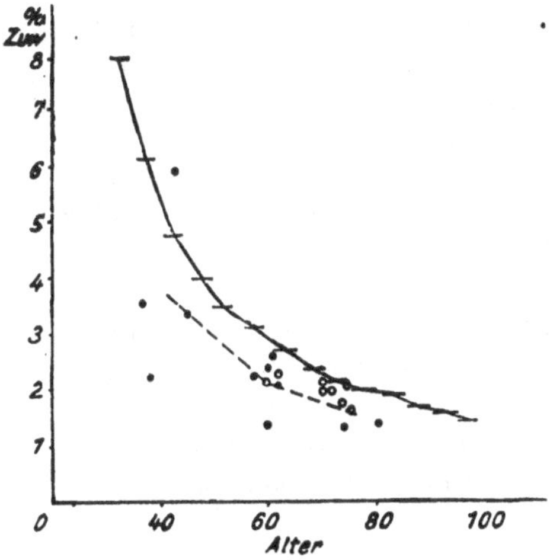

Abb. 39. Nordbrandenburg – Mecklenburg I. Ekl. Kiefer Durchschn. Ekl. I,1
Laufend jährl. Zuwachsprozent der Ertragstafel und der Flächen
Durchschnittl. Grundflächenschluß 0,74
——— Ertragstafelkurve
- - - - • über / ○ unter } 0,7 Grundflächenschluß

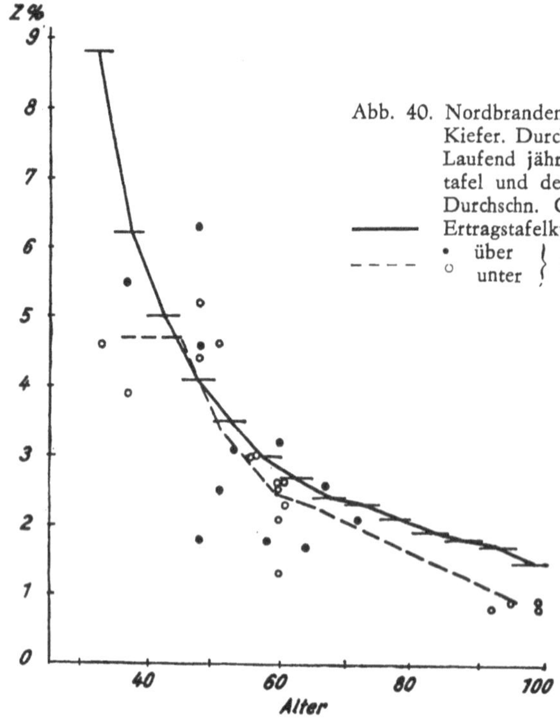

Abb. 40. Nordbrandenburg – Mecklenburg II. Ekl. Kiefer. Durchschn. Ekl. I,9
Laufend jährl. Zuwachsprozent der Ertragstafel und der Flächen
Durchschn. Grundflächenschluß 0,68
——— Ertragstafelkurve
- - - - • über / ○ unter } 0,7 Grundflächenschluß

Für die Errechnung der absoluten Zuwachswerte wurden die wirklichen, aus den Aufnahmedaten gewonnenen Kurven zugrunde gelegt. Zur Kontrolle und um den Anschluß an die Ertragstafel sicherzustellen, habe ich aber gleichzeitig noch eine andere Berechnungsart durchgeführt.

Für die Zuwachskurven wurden in einer Reihe von Altern jeweils die wirklichen mittleren Grundflächenschlußgrade ermittelt und durch Reduktion der Ertragstafelwerte die mit dem wirklichen Grundflächenschluß multiplizierte Leistung berechnet und eingetragen. Die Abweichungen der wirklichen Leistung zur reduzierten Ertragstafelleistung wurden innerhalb jeder Grundflächenschlußspanne gemittelt. Mit diesem Mittelwert der Abweichungen wurden die aus mittlerem Grundflächenschluß und Ertragstafelwert gewonnenen Zahlen korrigiert. Die Ergebnisse beider Berechnungsarten unterschieden sich nur unwesentlich.

Die Zahlen, die sich beim Grundflächenschluß von 1,0 in den Tabellen befinden, sind die Ertragstafelzahlen für Kiefer mäßige Durchforstung. Die Tabellen ermöglichen also für jede Ertragsklasse, für jedes Alter und für jeden Grundflächenschlußgrad die Feststellung der Masse, des absoluten Zuwachses und des Zuwachsprozentes und haben Gültigkeit für alle Bestände, die einer unpfleglichen Hiebsführung unterlagen.

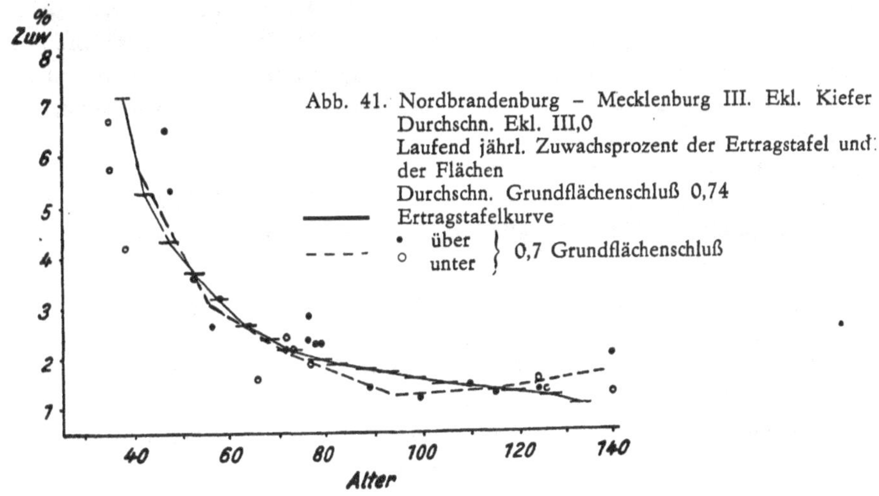

Abb. 41. Nordbrandenburg – Mecklenburg III. Ekl. Kiefer
Durchschn. Ekl. III,0
Laufend jährl. Zuwachsprozent der Ertragstafel und der Flächen
Durchschn. Grundflächenschluß 0,74
——— Ertragstafelkurve
- - - - • über / ○ unter } 0,7 Grundflächenschluß

Die Zuwachsprozentzahlen der einzelnen Tabellen zeigen für die einzelnen Grundflächenschlußgrade eine bemerkenswerte Übereinstimmung. Es hat sich ja schon bei der Erarbeitung der Ertragstafel gezeigt, daß die Zuwachsprozente keine nennenswerten Unterschiede zwischen den einzelnen Ertragsklassen aufweisen. Auch hier halten sich innerhalb der einzelnen Ertragsklassen die Zuwachsprozente gleichen Alters in einem gewissen einheitlichen Rahmen. Die Zuwachsprozente, die in den Tabellen angegeben sind, zeigen im übrigen dieselbe Tendenz wie die Zuwachsprozentkurven, die weiter vorn dargestellt worden sind.

In den besseren Ertragsklassen steigt das Zuwachsprozent nur in den jüngeren Altern mit sinkendem Grundflächenschluß an, während es beim mittleren Alter bei der I. Ertragsklasse sinkt und bei der II. Ertragsklasse etwa gleich bleibt. In der III. Ertragsklasse finden wir dagegen einen Anstieg des Zuwachsprozentes mit

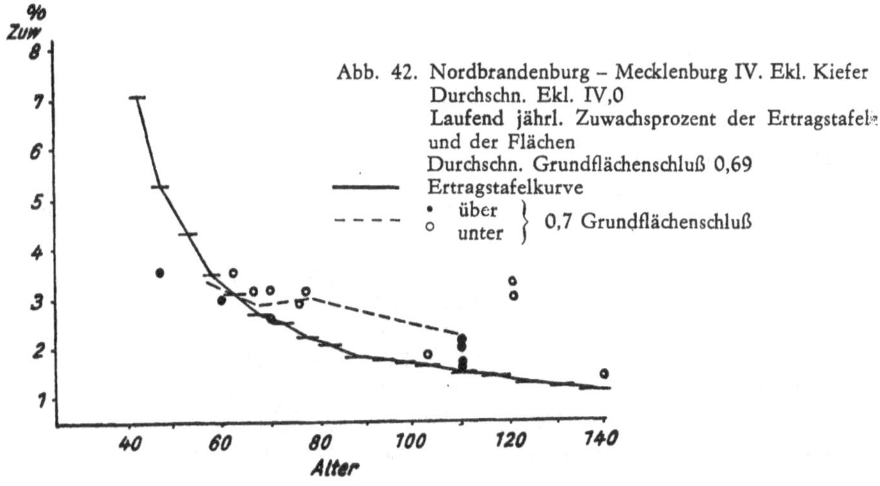

Abb. 42. Nordbrandenburg – Mecklenburg IV. Ekl. Kiefer
Durchschn. Ekl. IV,0
Laufend jährl. Zuwachsprozent der Ertragstafel und der Flächen
Durchschn. Grundflächenschluß 0,69
——— Ertragstafelkurve
- - - - • über / ○ unter } 0,7 Grundflächenschluß

sinkendem Grundflächenschluß bis in höhere Alter hinein. Auch im hohen Alter von 120 Jahren ist noch kein Abstieg feststellbar. In der IV. Ertragsklasse tritt diese Tendenz noch ausgeprägter in Erscheinung, hier steigt das Zuwachsprozent sogar bis zum beobachteten Höchstalter an, wenn auch dort nur sehr wenig ausgeprägt. In der V. Ertragsklasse wird die skizzierte Entwicklung zwar dadurch gestört, daß etwa vom Alter 85 an in den Grundflächenschlußgraden von 0,5 und 0,4 ein zwar im ganzen mäßiger aber doch wahrnehmbarer Abfall des Zuwachsprozentes einsetzt, im übrigen ist aber die Richtung der Zuwachsprozententwicklung die gleiche.

Insgesamt deutet die Veränderung des Zuwachsprozentes, wie sie sich in den Tabellen darbietet, sehr klar eine ganz bestimmte Leistungspotenz unpfleglich durchhauener Kiefernbestände an. Grundsätzlich ist die „Regenerationsfähigkeit" in jüngeren Altern am stärksten; die Bestände reagieren dann auf solche Eingriffe stets normal mit einem Ansteigen des Zuwachsprozentes. Je geringer die Ertragsklassen sind, desto länger bleibt diese normale Reaktionsfähigkeit erhalten. Die durch natürliche und künstliche Auslese entstandene geringe Stammzahl guter Waldkomplexe erträgt keine negative Beeinflussung durch den Menschen mehr. In den stammzahlreichen Beständen geringer Ertragsklassen ist dagegen ein so großes Reservoir leistungsfähiger Stämme vorhanden, daß auch bei negativer Auslese durch den Menschen ein Ersatz der entnommenen guten Zuwachsträger keine Schwierigkeiten verursacht. Daher weicht hier die relative Zuwachsleistung von der normalen Entwicklung weniger ab. Eine Rolle spielt sicher auch die stärker zuwachsfördernde Wirkung jeder Auflockerung auf geringen Standorten aus Gründen der Verbesserung des Wasserhaushalts.

Bei einer Mittelung und Zusammenfassung der Tabellenzahlen ergeben sich die in der Tabelle 12 zum Ausdruck kommenden Verhältnisse. Zur Veranschaulichung werden die Zahlen der Zuwachsschlußtabelle für pflegliche Auflockerung nach den „Bayrischen Hilfstafeln" noch einmal eingefügt.

Tabelle 12

Zuwachsschluß und Ertragsklasse Kiefer unpfleglich

Grundflächenschluß	1,0	0,9	0,8	0,7	0,6	0,5	0,4
Zuwachsschluß Bayrische Hilfstafeln	1,00	0,95	0,90	0,85	0,75	0,65	0,55
Zuwachsschluß ungepfl. Best.							
I. Ertragsklasse	1,00	0,90	0,80	0,71	0,59	0,45	0,31
II. Ertragsklasse	1,00	0,88	0,77	0,67	0,56	0,48	0,39
III. Ertragsklasse	1,00	0,87	0,78	0,71	0,63	0,55	0,45
IV. Ertragsklasse	1,00	0,87	0,78	0,71	0,62	0,55	0,45
V. Ertragsklasse	1,00	0,89	0,81	0,75	0,66	0,53	0,39
Zuwachsschluß als arithm., mit durchschn. Ertragsklassenanteilen gewogenes Mittel	1,00	0,88	0,78	0,71	0,61	0,52	0,42

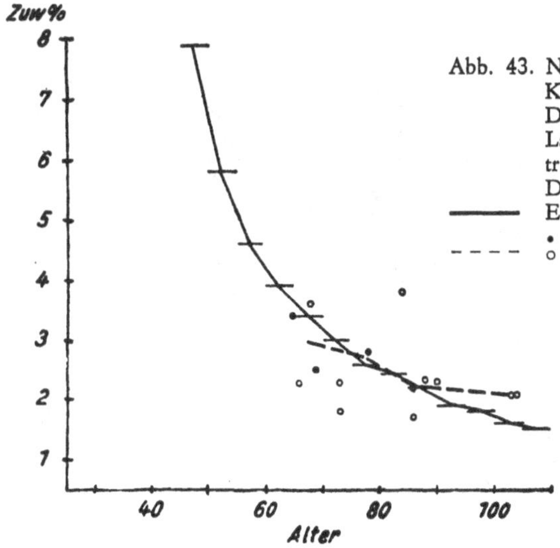

Abb. 43. Nordbrandenburg – Mecklenburg V. Ekl.
Kiefer
Durchschn. Ekl. IV,7
Laufend jährl. Zuwachsprozent der Ertragstafel und der Flächen
Durchschn. Grundflächenschluß 0,64
——— Ertragstafelkurve Mitte der Periode
- - - - • über ○ unter } 0,7 Grundflächenschluß

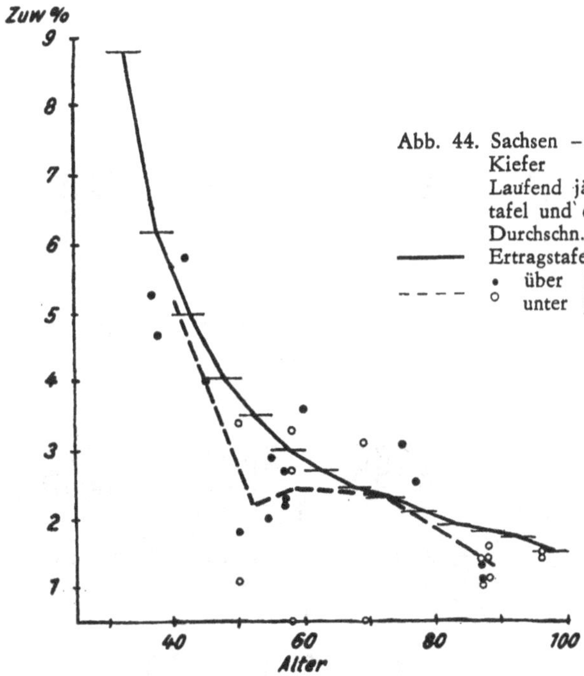

Abb. 44. Sachsen – Anhalt II. Ekl. (einschl. 2 Fl. I)
Kiefer
Laufend jährl. Zuwachsprozent der Ertragstafel und der Flächen
Durchschn. Grundflächenschluß 0,69
——— Ertragstafelkurve
- - - - • über ○ unter } 0,7 Grundflächenschluß

Tabelle 13

Kontrolle der p_V im Alter 50—75 und 75—100 der II.—IV. Ertragsklasse auf statistisch gesicherte Differenzen der einzelnen Waldgebiete zum DDR-Durchschnitt

1. Berechnung der Fehlerquadrate des arithmetischen Mittels nach $s_{\bar{x}}^2 = \frac{Sx^2 - \bar{x}Sx}{n(n-1)}$

2. Berechnung des Fehlers der Differenz $D = \bar{x}_1 - \bar{x}_1$ nach $s_D = \sqrt{s_{\bar{x}_1}^2 + s_{\bar{x}_2}^2}$

3. $t_{(FG)} = \frac{D}{s_D}$ (P-Werte)

Alter 50—75

	$\bar{x}$	n	$s_{\bar{x}}^2$	D	s_D	P %	
II. Ertragsklasse							
DDR	2,552	36	0,0096				
W I	2,508	14	0,0146	— 0,044	0,156	77,9	Differenz nicht gesichert
W II	2,603	14	0,0359	+ 0,051	0,213	80	Differenz nicht gesichert
W III	2,538	8	0,0524	— 0,014	0,250	92	Differenz nicht gesichert
III. Ertragsklasse							
DDR	2,883	38	0,0201				
W I	2,770	8	0,1090	— 0,113	0,360	75,7	Differenz nicht gesichert
W II	2,635	17	0,0401	— 0,848	0,245	31,4	Differenz nicht gesichert
W III	3,198	13	0,0943	+ 0,315	0,107	0,64	Differenz gut gesichert
IV. Ertragsklasse							
DDR	2,658	29	0,0254				
W I	2,930	5	0,0369	+ 0,272	0,249	27,9	Differenz nicht gesichert
W II	2,386	12	0,0387	— 0,272	0,253	27,5	Differenz nicht gesichert
W III	2,817	12	0,1002	+ 0,159	0,354	65,4	Differenz nicht gesichert

Alter 75—100

	$\bar{x}$	n	$s_{\bar{x}}^2$	D	s_D	P %	
II. Ertragsklasse							
DDR	1,954	17	0,0521				
W I	3,41	4	0,0734	+ 1,456	0,350	0,10	Differenz sehr gut gesichert
W II	1,435	10	0,0172	— 0,519	0,262	5,14	Differenz nicht gesichert
W III	1,773	3	0,0538	— 0,181	0,323	5,82	Differenz nicht gesichert
III. Ertragsklasse							
DDR	1,795	34	0,0090				
W I	2,060	7	0,0474	+ 0,265	0,237	27,1	Differenz nicht gesichert
W II	1,702	12	0,0137	— 0,093	0,1505	51,8	Differenz nicht gesichert
W III	1,745	15	0,0269	— 0,050	0,190	79,1	Differenz nicht gesichert
IV. Ertragsklasse							
DDR	2,110	27	0,0107				
W I	—	—	—	—	—	—	—
W II	1,864	7	0,0229	— 0,246	0,183	19,1	Differenz nicht gesichert
W III	2,165	19	0,0163	+ 0,055	0,164	73,4	Differenz nicht gesichert

W I = Waldgebiet Sachsen-Anhalt; W II = Waldgebiet Nordsachsen-Südbrandenburg;
W III = Waldgebiet Nordbrandenburg-Mecklenburg

Die Mittelung der Zuwachsschlußzahlen in Tabelle 12 erfolgte auf Grund der Annahme, daß die

I. Ertragsklasse mit 0,1
II. Ertragsklasse mit 0,2
III. Ertragsklasse mit 0,4
IV. Ertragsklasse mit 0,2
V. Ertragsklasse mit 0,1

Anteilen an der gesamten Holzbodenfläche der Kiefer beteiligt ist. Verschiebungen innerhalb gewisser Grenzen spielen dabei keine Rolle.

Die Tabelle zeigt also, daß die auf Grund der vorliegenden Untersuchung berechneten Zuwachsschlußzahlen gegenüber den Zuwachsschlußzahlen normaler gepflegter Bestände eine Minderung von 0,07–0,14 aufweisen. Die Minderung ist weniger spürbar bei den Grundflächenschlußgraden von 0,9 und 0,8 und bleibt von 0,7–0,4 Grundflächenschlußgraden mit 0,14–0,13 ungefähr gleich. Ganz allgemein tritt in der Zusammenstellung die Gleichartigkeit der Zuwachsänderung auf allen Ertragsklassen in den hohen Schlußgraden von 0,9 und 0,8 in Erscheinung, während etwa von 0,7 ab sehr deutlich die zurückbleibende Leistungsfähigkeit der I. und II. Ertragsklasse zu erkennen ist, die sich schon bei den Einzeldarstellungen bemerkbar machte. Im großen gesehen geht die Minderung der Zuwachspotenz so weit, daß nicht die in den Hilfstafeln angegebenen Zuwachsschlußgrade, sondern daß etwa die Grundflächenschlußgrade der wirklichen Bestockung Gültigkeit haben. Oben wurde ausgeführt, daß nur vor etwa 5 Jahren plötzlich unpfleglich aufgelichtete Flächen aufgenommen worden sind. Es kann daher unterstellt werden, daß der nach der Auflockerung zu erwartende Lichtungszuwachs bei den Aufnahmen bereits erfaßt ist. Der Lichtungszuwachs dauert im allgemeinen bei noch leidlich erhaltenem Schluß etwa ab 0,5 10–15 Jahre an, dann nähern sich solche Bestände im übrigen auch wieder, sofern sie von weiteren unpfleglichen Hieben verschont bleiben, dem normalen Zuwachsschluß. Ich möchte daher empfehlen, die in den Tabellen angegebenen Zuwachswerte für alle geschädigten Bestände für 12–15 Jahre anzuwenden und nach Ablauf dieses Zeitraumes erneut zu prüfen, ob sich in derartigen Waldkomplexen die Leistung einer normalen Zuwachsentwicklung wieder anzugleichen beginnt.

2. Die Fichte

a) Verteilung der Flächen

Zur Ermittlung des Zuwachsganges der Fichte nach unpfleglichen Eingriffen mußte ebenso, wie das bei der Kiefer geschah, eine große Anzahl von Probeflächen aufgenommen werden. Die drei großen Fichtengebiete der DDR liegen im Harz, im Thüringer Wald und im Erzgebirge. Die Aufnahmen, auf die sich die vorliegenden Untersuchungen beziehen, konnten sich aus zeitlichen Gründen nicht auf alle drei Gebiete erstrecken. Es ist auf Grund der bis jetzt vorliegenden Literaturhinweise auch nicht anzunehmen, daß sehr weitgehende Unterschiede im Wachstumsablauf der Fichte aller drei Gebiete vorhanden sind. Die Fichte befindet sich vielmehr überall am Rande ihres natürlichen Verbreitungsgebietes. Das Fichtengebiet des Harzes ist sogar eine Enklave. MITSCHERLICH (10) stellt in seinen Veröffentlichungen über die Wuchsgebietsgliederung der Fichte zwar erhebliche Wachstumsunterschiede zwischen der Fichte des Südwestens und der Fichte des Nordostens fest, er faßt aber die Fichtengebiete unseres Bereiches zusammen. Bei den vorliegenden Untersuchungen sind die Fichten des Harzes und die Fichten des Thüringer Waldes unter Einbeziehung von zwei Revieren des Erzgebirges beobachtet worden.

Insgesamt wurden aufgenommen

1. im Thüringer Wald und im Erzgebirge	183 Flächen
2. im Harz	64 Flächen
insgesamt	247 Flächen.

Die weiter unten besprochene wahrscheinliche Absenkung der Formzahl unter die Normalhaltung gibt zu der Befürchtung Anlaß, daß bei der Fichte die wirkliche Zuwachsabsenkung mit der oben näher erläuterten Methodik nicht voll erfaßt wird. Es ist unmöglich, den mutmaßlichen Fehler genau einzuschätzen. Angesichts der Unsicherheit, die dem gesamten Komplex innerhalb eines gewissen Fehlerrahmens anhaftet, möchte ich von einer Korrektur der gefundenen Zuwachswerte absehen und der Praxis die unveränderten Tabellen übergeben. Da sie über einen längeren Zeitraum – 10 bis 15 Jahre – Gültigkeit haben sollen, ist es durchaus möglich, daß schon nach wenigen Jahren die Formzahlenentwicklung „auspendelt“, so daß für den gesamten Zeitraum mit großer Wahrscheinlichkeit die Richtigkeit der unkorrigierten Zahlen anzunehmen ist.

Tabelle 14

Zuwachsschluß nach Ertragsklasse und Alter

I. Ertragsklasse

Alter		1.0			0.9			0.8	
	M	m_z	m_z %	M	m_z	m_z %	M	m_z	m_z %
30	150			135			120		
		12.0	8.0		10.9	8.1		9.8	8.2
35	190			171			152		
		11.6	6.1		10.4	6.1		9.2	6.0
40	226			203			181		
		10.8	4.8		9.8	4.8		8.8	4.9
45	257			231			206		
		10.2	4.0		9.3	4.0		8.3	4.0
50	284			256			227		
		9.8	3.5		8.8	3.4		7.8	3.4
55	308			277			246		
		9.4	3.1		8.4	3.0		7.4	3.0
60	330			297			264		
		8.8	2.7		7.9	2.6		7.0	2.6
65	349			314			279		
		8.4	2.4		7.5	2.4		6.6	2.4
70	366			329			293		
		8.0	2.2		7.1	2.2		6.2	2.1
75	379			341			303		
		7.6	2.0		6.8	2.0		6.0	2.0
80	391			352			313		
		7.4	1.9		6.6	1.9		5.6	1.8
85	402			362			322		
		7.0	1.7		6.2	1.7		5.4	1.7
90	412			371			330		
		6.6	1.6		5.9	1.6		5.2	1.6
95	421			379			337		
		6.4	1.5		5.7	1.5		5.1	1.5
100	429			386			345		
		6.0	1.4		5.4	1.4		4.9	1.4
105	436			392			349		
		5.8	1.3		5.2	1.3		4.7	1.3
110	442			398			354		
		5.6	1.3		5.1	1.3		4.6	1.3
115	447			402			358		
		5.2	1.2		4.8	1.2		4.4	1.2
120	451			406			361		

bei Kiefer — unpflegliche Behandlung

M	0.7 m_z	m_z %	M	0.6 m_z	m_z %	M	0.5 m_z	m_z %	M	0.4 m_z	m_z %
105			90			75			60		
	9.0	8.6		8.0	8.9		6.6	8.8		5.2	8.7
133			114			95			76		
	8.4	6.3		7.5	6.6		6.1	6.4		4.7	6.2
158			136			113			90		
	8.0	5.1		6.9	5.1		5.6	5.0		4.4	4.9
180			154			129			103		
	7.5	4.2		6.4	4.2		5.0	3.9		4.1	4.0
199			170			142			114		
	7.0	3.5		6.1	3.6		4.6	3.2		3.7	3.2
216			185			154			123		
	6.7	3.1		5.7	3.1		4.4	2.8		3.2	2.6
231			198			165			132		
	6.3	2.7		5.4	2.7		4.2	2.5		3.0	2.3
244			209			175			140		
	5.9	2.4		5.0	2.4		3.9	2.2		2.7	1.9
256			220			183			146		
	5.6	2.2		4.7	2.1		3.6	2.0		2.4	1.6
265			227			190			152		
	5.4	2.0		4.4	1.9		3.3	1.7		2.3	1.5
274			235			196			156		
	5.0	1.8		4.1	1.7		3.0	1.5		2.1	1.3
281			241			201			161		
	4.8	1.8		3.9	1.6		2.8	1.4		1.9	1.2
288			247			206			165		
	4.5	1.6		3.6	1.4		2.7	1.3		1.7	1.0
295			253			211			168		
	4.4	1.5		3.5	1.4		2.6	1.2		1.6	0.9
300			257			215			172		
	4.2	1.4		3.3	1.3		2.4	1.1		1.4	0.8
305			262			218			174		
	4.0	1.3		3.2	1.2		2.3	1.0		1.3	0.7
309			265			221			177		
	3.9	1.3		3.1	1.2		2.2	1.0		1.2	0.7
313			268			224			179		
	3.8	1.2		3.0	1.1		2.1	0.9		1.1	0.6
316			271			226			180		

Tabelle 14

Zuwachsschluß nach Ertragsklasse und Alter

II. Ertragsklasse

Alter	1.0			0.9			0.8		
	M	m_z	m_z %	M	m_z	m_z %	M	m_z	m_z %
		9.4							
30	105			95			84		
		9.3	8.8		7.9	8.3		7.0	8.3
35	143			129			114		
		9.1	6.2		7.7	6.0		6.7	5.9
40	175			158			140		
		8.9	5.0		7.4	4.7		6.4	4.6
45	204			184			163		
		8.5	4.1		7.1	3.8		6.0	3.7
50	228			205			182		
		7.9	3.5		6.8	3.3		5.9	3.2
55	248			223			198		
		7.5	3.0		6.4	2.9		5.7	2.9
60	266			239			213		
		7.1	2.7		6.2	2.6		5.5	2.6
65	282			254			226		
		6.9	2.4		6.0	2.4		5.3	2.3
70	296			266			237		
		6.7	2.3		5.8	2.2		5.1	2.2
75	309			278			247		
		6.5	2.1		5.7	2.0		5.0	2.0
80	322			290			258		
		6.2	1.9		5.5	1.9		4.8	1.9
85	333			300			266		
		6.0	1.8		5.4	1.8		4.6	1.7
90	343			309			274		
		5.8	1.7		5.2	1.7		4.4	1.6
95	352			317			282		
		5.4	1.5		4.9	1.5		4.3	1.5
100	358			322			286		
		5.1	1.4		4.7	1.4		4.1	1.4
105	362			326			290		
		4.9	1.4		4.4	1.3		3.8	1.3
110	365			329			292		
		4.6	1.3		4.2	1.3		3.7	1.3
115	366			329			293		
		4.4	1.2		4.0	1.2		3.5	1.2
120	367			330			294		

bei Kiefer — unpflegliche Behandlung

	0.7			0.6			0.5			0.4	
M	m_z	m_z %	M	m_z	m_z %	M	m_z	m_z %	M	m_z	m_z %
74			63			53			42		
	6.4	8.6		5.7	9.0		4.8	9.0		3.9	9.3
100			86			72			57		
	6.1	6.1		5.4	6.3		4.6	6.4		3.7	6.5
123			105			88			70		
	5.9	4.8		5.2	5.0		4.4	5.0		3.6	5.1
143			122			102			82		
	5.6	3.9		4.9	4.0		4.2	4.1		3.4	4.1
160			137			114			91		
	5.3	3.3		4.7	3.4		4.0	3.5		3.2	3.5
174			149			124			99		
	5.1	2.9		4.5	3.0		3.8	3.1		3.1	3.1
186			160			133			106		
	4.9	2.6		4.3	2.7		3.6	2.7		2.9	2.7
197			169			141			113		
	4.6	2.3		4.0	2.4		3.4	2.4		2.8	2.5
207			178			148			118		
	4.4	2.1		3.8	2.1		3.2	2.2		2.6	2.2
216			185			155			124		
	4.3	2.0		3.6	1.9		3.1	2.0		2.5	2.0
225			193			161			129		
	4.1	1.8		3.4	1.8		2.9	1.8		2.3	1.8
233			200			167			133		
	3.9	1.7		3.2	1.6		2.7	1.6		2.2	1.6
240			206			172			137		
	3.7	1.5		3.0	1.4		2.5	1.4		2.1	1.5
246			211			176			141		
	3.6	1.5		2.9	1.4		2.4	1.4		2.0	1.4
251			215			179			143		
	3.4	1.4		2.7	1.2		2.3	1.3		1.9	1.3
253			217			181			145		
	3.2	1.3		2.6	1.2		2.2	1.2		1.8	1.2
256			219			183			146		
	3.1	1.2		2.5	1.1		2.1	1.1		1.7	1.2
256			220			183			146		
	2.9	1.1		2.4	1.1		2.0	1.1		1.6	1.1
257			220			184			147		

Tabelle 14

Zuwachsschluß nach Ertragsklasse und Alter

III. Ertragsklasse

Alter	1.0			0.9			0.8		
	M	m_z	m_z %	M	m_z	m_z %	M	m_z	m_z %
30	64			58			51		
		7.2	11.3		6.7	11.6		6.1	12.0
35	97			87			78		
		7.0	7.2		6.4	7.4		5.8	7.4
40	126			113			101		
		6.7	5.3		6.1	5.4		5.6	5.5
45	151			136			121		
		6.3	4.3		5.9	4.3		5.3	4.4
50	174			157			139		
		6.2	3.6		5.6	3.6		5.1	3.7
55	193			174			154		
		6.0	3.1		5.4	3.1		4.9	3.2
60	210			189			168		
		5.7	2.7		5.2	2.8		4.7	2.8
65	225			203			180		
		5.5	2.4		4.9	2.4		4.4	2.4
70	238			214			190		
		5.3	2.2		4.7	2.2		4.2	2.2
75	249			224			199		
		5.1	2.0		4.5	2.0		4.0	2.0
80	258			232			206		
		4.9	1.9		4.3	1.8		3.8	1.8
85	266			239			213		
		4.7	1.8		4.1	1.7		3.7	1.7
90	272			245			218		
		4.6	1.7		3.9	1.6		3.5	1.6
95	278			250			222		
		4.4	1.6		3.7	1.5		3.3	1.5
100	282			254			226		
		4.3	1.5		3.5	1.4		3.1	1.4
105	285			257			228		
		4.1	1.4		3.3	1.3		2.9	1.3
110	287			258			230		
		4.0	1.4		3.1	1.2		2.7	1.2
115	288			259			230		
		3.8	1.3		3.0	1.2		2.6	1.1
120	288			259			230		

bei Kiefer — unpflegliche Behandlung

M	0.7 m_z	m_z %	M	0.6 m_z	m_z %	M	0.5 m_z	m_z %	M	0.4 m_z	m_z %
45			38			32			26		
	5.6	12.4		5.1	13.4		4.3	13.4		3.6	13.8
68			58			49			39		
	5.4	7.9		4.9	8.4		4.2	8.6		3.5	9.0
88			76			63			50		
	5.2	5.9		4.7	6.2		4.0	6.3		3.4	6.8
106			91			76			60		
	4.9	4.6		4.5	4.9		3.9	5.1		3.3	5.5
122			104			87			70		
	4.6	3.8		4.2	4.0		3.6	4.1		3.1	4.4
135			116			97			77		
	4.5	3.3		4.0	3.4		3.5	3.6		3.0	3.9
147			126			105			84		
	4.3	2.9		3.8	3.0		3.4	3.2		2.8	3.3
158			135			113			90		
	4.0	2.5		3.6	2.7		3.2	2.8		2.7	3.0
167			143			119			95		
	3.8	2.3		3.4	2.4		3.0	2.5		2.5	2.6
174			149			125			100		
	3.6	2.1		3.2	2.1		2.8	2.2		2.4	2.4
181			155			129			103		
	3.4	1.9		3.0	1.9		2.6	2.0		2.2	2.1
186			160			133			106		
	3.3	1.8		2.9	1.8		2.5	1.9		2.1	2.0
190			163			136			109		
	3.2	1.7		2.7	1.6		2.3	1.7		1.9	1.7
195			167			139			111		
	3.0	1.5		2.6	1.6		2.2	1.6		1.8	1.6
197			169			141			113		
	2.8	1.4		2.5	1.5		2.1	1.5		1.7	1.5
200			171			143			114		
	2.7	1.3		2.4	1.4		2.0	1.4		1.5	1.3
201			172			144			115		
	2.5	1.2		2.2	1.3		1.9	1.3		1.4	1.2
202			173			144			115		
	2.4	1.2		2.1	1.2		1.8	1.2		1.4	1.2
202			173			144			115		

Tabelle 14

Zuwachsschluß nach Ertragsklasse und Alter

IV. Ertragsklasse

Alter	1.0			0.9			0.8		
	M	m_z	m_z %	M	m_z	m_z %	M	m_z	m_z %
30	21			19			17		
		4.8	22.9		4.2	22.1		3.6	21.2
35	45			41			36		
		4.8	10.7		4.2	10.2		3.7	10.3
40	68			61			54		
		4.9	7.1		4.3	7.0		3.7	6.8
45	90			81			72		
		4.9	5.3		4.3	5.3		3.8	5.3
50	112			101			90		
		4.8	4.3		4.2	4.2		3.8	4.2
55	131			118			105		
		4.6	3.5		4.2	3.6		3.8	3.6
60	148			133			118		
		4.6	3.1		4.1	3.1		3.8	3.2
65	163			147			130		
		4.4	2.7		4.1	2.8		3.7	2.8
70	176			158			141		
		4.4	2.5		4.0	2.5		3.6	2.6
75	188			169			150		
		4.2	2.2		3.9	2.3		3.5	2.3
80	198			178			158		
		4.2	2.1		3.8	2.1		3.4	2.2
85	207			186			166		
		4.0	1.9		3.6	1.9		3.3	2.0
90	213			192			170		
		3.9	1.8		3.5	1.8		3.1	1.8
95	218			196			174		
		3.7	1.7		3.3	1.7		2.9	1.7
100	222			200			178		
		3.6	1.6		3.1	1.6		2.7	1.5
105	224			202			179		
		3.4	1.5		2.9	1.4		2.5	1.4
110	225			203			180		
		3.4	1.5		2.6	1.3		2.3	1.3
115	225			203			180		
		3.2	1.4		2.4	1.2		2.2	1.2
120	223			201			178		

bei Kiefer — unpflegliche Behandlung

	0.7			0.6			0.5			0.4	
M	m_z	m_z %	M	m_z	m_z %	M	m_z	m_z %	M	m_z	m_z %
15			13			11			8		
	3.2	21.3		2.7	20.8		2.4	21.8		2.0	25.0
32			27			23			18		
	3.3	10.3		2.8	10.4		2.5	10.9		2.1	11.7
48			41			34			27		
	3.4	6.9		2.9	7.1		2.6	7.6		2.2	8.1
63			54			45			36		
	3.4	5.4		3.0	5.6		2.6	5.8		2.3	6.4
78			67			56			45		
	3.4	4.4		3.0	4.5		2.7	4.8		2.3	8.1
92			79			66			52		
	3.4	3.7		3.0	3.8		2.7	4.1		2.3	4.4
104			89			74			59		
	3.4	3.3		3.0	3.4		2.7	3.6		2.3	3.9
114			98			82			65		
	3.4	3.0		3.0	3.1		2.6	3.2		2.2	3.4
123			106			88			70		
	3.3	2.7		2.9	2.7		2.6	3.0		2.2	3.1
132			113			94			75		
	3.2	2.4		2.8	2.5		2.5	2.6		2.1	2.8
139			119			99			79		
	3.1	2.2		2.7	2.3		2.3	2.3		1.9	2.4
145			124			104			83		
	3.0	2.1		2.6	2.1		2.2	2.1		1.8	2.2
149			128			107			85		
	2.8	1.9		2.5	2.0		2.1	2.0		1.7	2.0
153			131			109			87		
	2.6	1.7		2.3	1.8		2.0	1.8		1.6	1.8
155			133			111			89		
	2.5	1.6		2.2	1.6		1.9	1.7		1.5	1.7
157			134			112			90		
	2.3	1.5		2.1	1.6		1.8	1.6		1.4	1.6
158			135			113			90		
	2.2	1.4		2.0	1.5		1.7	1.5		1.3	1.4
158			135			113			90		
	2.1	1.3		1.9	1.4		1.6	1.4		1.2	1.3
156			134			112			89		

Tabelle 14

Zuwachsschluß nach Ertragsklasse und Alter

V. Ertragsklasse

Alter		1.0			0.9			0.8	
	M	m_z	m_z %	M	m_z	m_z %	M	m_z	m_z %
30									
		2.4			2.1			1.8	
35	12			11			10		
		3.0	25.0		2.4	21.8		2.1	21.0
40	27			24			22		
		3.2	12.0		2.6	10.8		2.3	10.4
45	43			39			34		
		3.4	7.9		2.9	7.4		2.6	7.6
50	60			54			48		
		3.5	5.8		3.0	5.6		2.7	5.6
55	76			68			61		
		3.5	4.6		3.1	4.6		2.8	4.6
60	92			83			74		
		3.6	3.9		3.2	3.8		2.9	3.9
65	107			96			86		
		3.6	3.4		3.3	3.4		3.0	3.5
70	120			108			96		
		3.6	3.0		3.3	3.0		3.0	3.1
75	131			118			105		
		3.4	2.6		3.2	2.7		2.9	2.8
80	140			126			112		
		3.4	2.4		3.1	2.5		2.8	2.5
85	148			133			118		
		3.2	2.2		2.9	2.2		2.7	2.3
90	155			140			124		
		3.0	1.9		2.7	1.9		2.6	2.1
95	160			144			128		
		2.8	1.8		2.6	1.8		2.5	2.0
100	163			147			130		
		2.6	1.6		2.4	1.6		2.3	1.9
105	164			148			131		
		2.4	1.5		2.2	1.5		2.1	1.6
110	164			148			131		
		2.3	1.4		2.0	1.4		1.9	1.4
115	162			146			130		
		2.1	1.3		1.8	1.2		1.7	1.3
120	160			144			128		

bei Kiefer — unpflegliche Behandlung

M	0.7 m_z	m_z %	M	0.6 m_z	m_z %	M	0.5 m_z	m_z %	M	0.4 m_z	m_z %
	1.6			1.3			0.8			0.3	
8			7			6			5		
	1.8	22.5		1.5	21.4		1.2	20.0		0.8	16.0
19			16			14			11		
	2.1	11.0		1.8	11.2		1.5	10.7		1.1	10.0
30			26			22			17		
	2.4	8.0		2.2	8.5		1.9	8.6		1.4	8.2
42			36			30			24		
	2.5	6.0		2.3	6.4		2.0	6.7		1.5	6.2
53			46			38			30		
	2.6	5.0		2.3	5.0		2.0	5.3		1.6	5.3
64			55			46			37		
	2.7	4.2		2.4	4.4		2.1	4.6		1.7	4.6
75			64			54			43		
	2.8	3.7		2.5	3.9		2.1	3.9		1.7	4.0
84			72			60			48		
	2.8	3.3		2.5	3.5		2.0	3.3		1.7	3.5
92			79			66			52		
	2.7	2.9		2.4	3.0		2.0	3.0		1.6	3.1
98			84			70			56		
	2.6	2.6		2.3	2.7		1.9	2.7		1.5	2.7
104			89			74			59		
	2.5	2.4		2.2	2.5		1.7	2.3		1.3	2.2
109			93			78			62		
	2.4	2.2		2.1	2.2		1.6	2.0		1.1	1.8
112			96			80			64		
	2.3	2.0		2.0	2.1		1.5	1.9		1.0	1.6
114			98			82			65		
	2.1	1.8		1.8	1.8		1.4	1.7		1.0	1.5
115			98			82			66		
	2.0	1.7		1.7	1.7		1.3	1.6		0.9	1.4
115			98			82			66		
	1.8	1.6		1.6	1.6		1.2	1.5		0.8	1.2
113			97			81			65		
	1.6	1.4		1.5	1.5		1.1	1.4		0.7	1.1
112			96			80			64		

b) Die Struktur stark aufgelichteter und unpfleglich behandelter Fichtenbestände als Charakteristikum unpfleglicher Behandlung

b1) Allgemeines

Auf meine Veranlassung wertete Dipl.-Forstwirt FRANZ die Struktur der untersuchten Fichtenbestände in ähnlicher Weise wie bei der Kiefer aus. Auch hier konnten die von MITSCHERLICH (11) entwickelten Frequenzreihen als Vergleichsbasis benutzt werden. Die gemeinsam für Kiefer, Buche und Eiche berechneten Massenfrequenzreihen nach MITSCHERLICH galten demnach als „Normalreihen", zu denen die für die einzelnen Probeflächen ermittelten Frequenzreihen in Beziehung gesetzt wurden.

Der Vergleich mußte auf die Massenfrequenz beschränkt bleiben, weil MITSCHERLICH keine Stammzahlfrequenzen berechnete. Stammzahlfrequenzreihen wurden in die Abb. 46–53 nur eingezeichnet, weil sie ebenfalls gewisse Einblicke in den Bestockungsaufbau ermöglichen und daher eine Ergänzung der Massenfrequenzen darstellen.

Abb. 45 gibt drei der von MITSCHERLICH berechneten Massenfrequenzreihen wieder. Die Reihen stellen den Massenanteil der einzelnen 2-cm-Durchmesserstufen in % der Derbholzmasse der Gesamtbestockung dar.

Die Eingangsgrößen für die Wahl der Normalreihen sind

a) der Prozentanteil der Durchmesserstufe mit der Gipfelhöhe in Prozent der Derbholzmasse,
b) der Bestandesmitteldurchmesser,
c) der Prozentanteil der mittleren Durchmesserstufe in Prozenten der Derbholzmasse und
d) die Variationsbreite der Stammzahlfrequenzen in 2-cm-Durchmesserstufen.

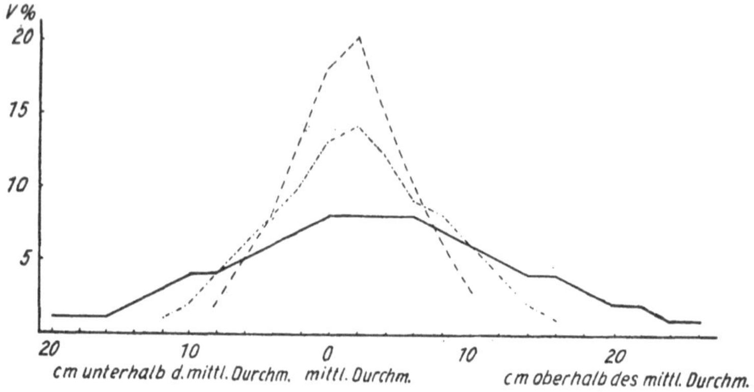

Abb. 45. Normale Massenfrequenzreihen nach MITSCHERLICH für Fichte (abgerundete Werte)
——— Gipfelhöhe 8 %
–·–·– „ 14 %
– – – – „ 20 %

Die Untersuchung der Massenstruktur unpfleglich behandelter Fichtenbestockungen wurde auf der Grundlage von 130 Probeflächen vorgenommen.

Der Rahmen mäßiger Durchforstung als Behandlungsart bis zum Zeitpunkt der unpfleglichen Auflichtung kann für alle untersuchten Flächen angenommen werden. Diese Feststellung ist für die vorliegende Untersuchung grundlegend.

Der Vergleich wurde mit den Normalkurven mit abgerundeten Prozentanteilen vorgenommen. Die von MITSCHERLICH (11) veröffentlichten Interpolationskurven für die Normalkurven, mit deren Hilfe die nicht abgerundeten prozentualen Massenanteile der einzelnen Durchmesserstufen durch Verwendung der nicht abgerundeten Gipfelhöhe als Eingangsgröße ermittelt werden kann, wurden nicht herangezogen. Da es sich hier zunächst um eine bloße Gegenüberstellung von tatsächlich ermittelter und theoretisch konstruierter Frequenzreihe zum Zweck der Veranschaulichung handelt, erschien die Verwendung von Normalkurven mit abgerundeten Prozentanteilen vollauf gerechtfertigt.

Das für die Frequenzuntersuchungen herangezogene Material ist ebenso wie bei der Kiefer sehr unterschiedlich hinsichtlich der Zusammensetzung nach Waldgebieten, Standorten, Ertragsklassen, Bestandesalter und Eingriffsstärke. Probeflächen mit Grundflächenschlußgraden unter 0,45 wurden, da hier allgemein schon weitgehende Strukturauflösung vorliegt, in die Untersuchung nicht mit einbezogen.

Bei der zeichnerischen Gegenüberstellung der Frequenzreihen der Probeflächen mit den entsprechenden Normalreihen zeigten sich mehrere, zum größten Teil deutlich

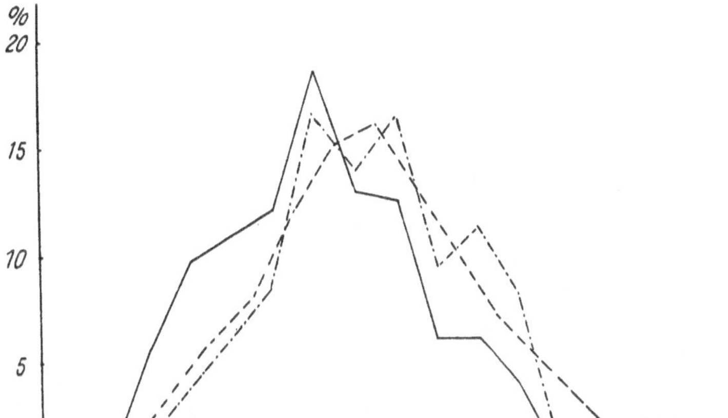

Abb. 46. Annähernd normale Stammzahl- und Massenfrequenzreihen Fichte. Ekl. I,3; Alter 50; Grundflächenschluß 0,69
——— Stammzahlfrequenzreihe
—·—·— Massenfrequenzreihe
– – – – normale abgerundete Massenfrequenzreihe nach MITSCHERLICH

ausgeprägte typische Kurvenverläufe. Es wurden drei Frequenztypen ausgeschieden, in welche die einzelnen ermittelten Frequenzreihen ohne Schwierigkeit eingeordnet werden konnten. Im folgenden sollen die Frequenztypen kurz besprochen werden.

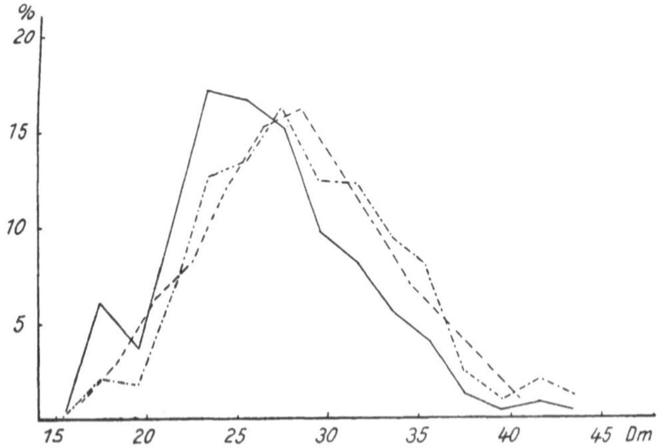

Abb. 47. Annähernd normale Stammzahl- und Massenfrequenzreihen (Typ 1) Fichte, Ekl. II,7; Alter 75; Grundflächenschluß 0,76
——— Stammzahlfrequenzreihe
–·–·–· Massenfrequenzreihe
– – – – normale abgerundete Massenfrequenzreihe nach MITSCHERLICH

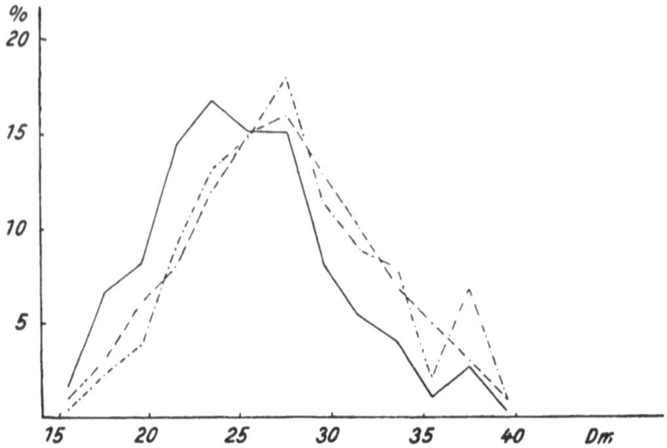

Abb. 48. Annähernd normale Stammzahl- und Massenfrequenzreihen (Typ 1) Fichte, Ekl. IV,1; Alter 85; Grundflächen schluß 0,92
——— Stammzahlfrequenzreihe
–·–·–· Massenfrequenzreihe
– – – – normale abgerundete Massenfrequenzreihe nach MITSCHERLICH

b2) Normale oder fast normale Frequenzreihen (Typ 1)

Abb. 46 bis 48 geben Frequenzreihen wieder, die von den Normalreihen nur geringfügig abweichen.

Die Strukturuntersuchung ergab für die annähernd normalen Frequenzreihen (Typ 1) folgendes:

1. Mit rund 15 % sämtlicher untersuchter Reihen machen die annähernd normalen Massenstrukturen einen verhältnismäßig geringen Anteil am Gesamtmaterial aus. Dieser Anteil entspricht weitestgehend dem der normal strukturierten Kiefernfrequenzreihen an der Gesamtzahl der untersuchten unpfleglich behandelten Kiefern-Probeflächen.

2. Frequenzreihen dieser Art sind in allen Altern, Ertragsklassen und Grundflächenschlüssen, mit Ausnahme der sehr stark gelichteten Flächen unter 0,50 Grundflächenschluß, auch bei unpfleglich behandelten Bestockungen vertreten.

3. Frequenzreihen des Typs 1 treten prozentual am häufigsten bei schwach unpfleglich aufgelockerten Beständen auf und sind auch bei niedrigem Grundflächenschluß verhältnismäßig zahlreich vertreten.

   Die insgesamt mit nur geringem Anteil vertretenen annähernd normalen Massenstrukturen verteilen sich auf die Grundflächenschlußgruppen prozentual wie folgt:

Grundflächenschlußgruppe	0,51–0,70	= 33 %	der Frequenzreihen des Typs 1
„	0,71–0,90	= 40 %	„
„	0,91 und höher	= 27 %	„

   Für die beiden ausgeschiedenen Waldgebiete ergaben sich keine Unterschiede.

4. Zu erwähnen sind die oft sehr erheblichen lokalen Unterschiede in der Art der unpfleglichen Bestandesauflichtung, die einen nach Revieren und Instrukteurbezirken verschieden hohen Anteil normal strukturierter Probeflächen zur Folge hatten. Als wesentliche Gründe hierfür sind anzugeben:

   a) Die in den einzelnen Revieren sehr verschiedene Vorratshöhe und Verteilung wurde bei der Sorten- und Stärkeklassenumlage oft zu wenig beachtet.

   b) Die Erfüllung der Sortenumlagen wurde von den einzelnen Revierverwaltern sehr wenig einheitlich vorgenommen.

   Die waldbaulichen Auffassungen von der bestmöglich vertretbaren Art dieser Eingriffe waren, da sie von den jeweiligen betrieblichen Gegebenheiten weitgehend beeinflußt wurden, begreiflicherweise keineswegs einheitlich.

5. Annähernd normale Frequenzreihen sind in allen Ertragsklassen zu etwa gleichen Anteilen vertreten. Ein Zusammenhang zwischen der Ertragsklasse und dem prozentualen Anteil der annähernd normal strukturierten Bestände an der jeweiligen Probeflächengesamtheit, wie er sich bei der Kiefer andeutete, konnte nicht gefunden werden.

Tabelle 15

Flächenverzeichnis Fichte, Waldgebiet Thüringer Wald/Erzgebirge

Lfd. Nr.	Ertragsklasse		Alter	Grundflächenschl.		lfd. jährl. Zuw. %		absol. lfd. jährl. Zuwachs			Masse verbl. Bestand/ha	
	Fläche	abger.		Fläche	Ekl. Durchschnitt	Tafelwerte	wirkl. Wert d. Fläche	Tafelwerte	wirkl. Wert d. Fläche	n. Schluß red. Tafelw.	auf Grundfl.-schl. red. Tafelwerte	wirkl. Derbholzmasse/ha
1	2	3	4	5	6	7	8	9	10	11	12	13
1	I,3	I	50	0,98	0,74	4,89	3,10	16,06	11,80	15,74	381,61	380,55
2	I,3	I	50	0,69		4,89	3,72	16,06	9,55	11,08	268,69	256,76
3	I,1	I	55	0,88		3,87	3,86	15,98	16,38	14,06	410,43	424,26
4	0,9	I	55	0,87		3,73	3,02	16,42	12,79	14,28	425,95	423,51
5	I,4	I	60	0,76		3,50	3,62	14,80	12,94	11,25	365,86	357,40
6	I,2	I	85	0,76		1,92	1,60	12,52	7,75	9,52	514,54	484,26
7	I,0	I	85	0,77		1,90	1,70	13,00	8,60	10,01	543,62	505,82
8	I,0	I	95	0,96		1,60	1,68	11,90	11,56	11,42	711,36	688,14
9	I,1	I	95	0,68		1,61	1,44	11,67	7,23	7,94	493,54	502,17
10	I,4	I	95	0,58		1,64	1,80	10,98	7,31	6,37	394,52	406,17
11	I,0	I	105	0,71		1,40	1,60	10,80	6,04	7,67	540,31	520,37
12	0,9	I	115	0,90		1,30	1,02	10,18	7,13	9,16	703,89	698,70
13	I,3	I	120	0,91		1,30	1,08	9,12	7,12	8,30	657,57	659,05
14	I,4	I	120	0,78		1,30	1,02	8,96	5,49	6,99	552,08	538,32
15	I,3	I	120	0,73		1,30	0,80	9,12	4,38	6,66	527,15	547,36
16	0,9	I	80	0,54		2,10	1,70	13,88	6,14	7,50	375,25	360,91
17	0,7	I	85	0,85		1,87	1,38	13,72	8,65	11,66	637,08	626,83
18	0,8	I	85	0,83		1,88	1,96	13,48	11,86	11,88	610,05	605,00
19	0,8	I	85	0,77		1,88	1,74	13,48	9,63	10,38	565,95	553,62
20	1,3	I	85	0,54		1,93	2,26	12,28	8,10	6,63	357,75	358,19
21	0,8	I	85	0,43		1,88	1,66	13,48	5,08	5,80	316,05	305,93
22	1,1	I	85	0,66		1,91	2,00	12,76	4,54	8,42	456,39	454,50
23	0,9	I	85	0,86		1,89	2,00	13,24	6,60	11,39	619,63	615,90
24	0,8	I	90	0,55		1,68	1,42	12,64	5,90	6,95	415,14	415,68
25	0,8	I	90	0,48		1,68	1,46	12,64	5,06	6,07	362,30	346,65

26	0,8	I	90	0,74		1,68	2,10	12,64	11,44	9,35	558,55	544,98
27	I,1	I	115	0,68		1,30	1,28	9,82	6,32	6,68	511,29	494,00
28	I,6	II	50	0,76	0,71	5,28	5,28	15,52	14,35	11,80	270,41	271,83
29	I,8	II	50	0,74		5,54	3,04	15,16	7,44	11,22	246,72	244,75
30	I,6	II	50	0,64		5,28	3,60	15,52	8,13	9,93	227,71	225,76
31	I,5	II	50	0,64		5,15	3,80	15,70	8,62	10,05	234,88	226,95
32	II,0	II	55	0,97		4,50	3,64	14,00	13,32	13,58	351,14	365,95
33	II,0	II	55	0,97		4,50	3,32	14,00	11,86	13,58	351,14	357,31
34	I,5	II	55	0,88		4,15	2,92	15,10	10,98	13,29	369,60	376,17
35	I,8	II	55	0,80		4,36	4,10	14,44	12,65	11,55	308,16	308,57
36	I,8	II	55	0,76		4,36	3,20	14,44	9,30	10,97	292,75	290,49
37	II,2	II	55	0,80		4,78	3,76	13,60	10,14	10,88	271,52	269,67
38	II,0	II	55	0,75		4,50	3,92	14,00	10,49	10,50	271,50	267,54
39	II,0	II	55	0,64		4,50	5,52	14,00	12,57	8,96	231,68	227,77
40	II,0	II	55	0,62		4,50	4,40	14,00	10,68	8,68	224,44	242,80
41	I,8	II	65	0,82		3,70	3,44	15,00	12,83	12,30	355,72	375,03
42	II,4	II	60	0,83		4,16	2,90	12,80	8,35	10,62	301,12	288,05
43	II,2	II	60	0,81		3,98	2,46	13,20	6,90	10,69	312,98	282,56
44	I,7	II	60	0,69		3,65	2,70	16,20	7,75	9,80	307,53	287,14
45	II,1	II	60	0,76		3,89	3,10	13,40	9,36	10,18	302,63	301,78
46	I,7	II	60	0,74		3,65	4,40	14,20	14,36	10,51	329,82	326,14
47	I,5	II	61	0,61		3,55	4,14	14,60	11,52	8,91	286,40	278,27
48	II,0	II	70	0,86		2,70	2,86	12,20	11,24	10,49	420,54	392,96
49	I,9	II	70	0,81		2,48	2,50	12,44	9,68	10,08	406,30	387,10
50	II,1	II	75	0,86		2,44	2,12	11,64	8,43	10,01	435,59	397,83
51	II,1	II	75	0,74		2,44	2,62	11,64	9,28	8,61	374,81	354,09
52	II,2	II	75	0,77		2,48	3,10	11,48	11,13	8,84	380,38	359,05
53	II,1	II	75	0,66		2,44	3,50	11,64	10,90	7,68	334,29	311,42
54	II,2	II	73	0,57		2,48	2,70	11,48	6,95	6,54	281,58	257,49
55	I,6	II	79	0,94		2,10	2,86	11,52	15,78	10,83	561,74	551,76
56	II,0	II	80	0,84		2,10	2,20	10,80	9,73	9,07	455,28	442,36
57	II,1	II	80	0,77		2,14	2,62	10,72	10,29	8,25	407,79	392,63
58	II,0	II	79	0,77		2,10	2,92	10,80	11,69	8,32	417,34	400,28
59	I,9	II	80	0,71		2,10	2,86	10,98	10,92	7,79	394,69	381,65
60	II,3	II	80	0,67		2,22	2,02	10,56	6,36	7,07	338,22	314,94

Tabelle 15

Flächenverzeichnis Fichte, Waldgebiet Thüringer Wald/Erzgebirge

Lfd. Nr.	Ertragsklasse		Alter	Grundflächenschl.		lfd. jährl. Zuw. %		absol. lfd. jährl. Zuwachs			Masse verbl. Bestand/ha	
	Fläche	abger.		Fläche	Ekl. Durchschnitt	Tafelwerte	wirkl. Wert d. Fläche	Tafelwerte	wirkl. Wert d. Fläche	n. Schluß red. Tafelw.	auf Grundfl.-schl. red. Tafelwerte	wirkl. Derbholzmasse/ha
1	2	3	4	5	6	7	8	9	10	11	12	13
61	II,4	II	80	0,64		2,26	2,18	10,48	6,47	6,71	315,14	297,01
62	II,4	II	80	0,61		2,26	3,68	10,48	10,34	6,39	300,36	284,01
63	I,5	II	85	0,83		1,95	2,14	11,80	10,44	9,79	525,80	487,74
64	I,6	II	85	0,80		1,96	1,74	11,56	7,79	9,25	495,20	447,56
65	I,9	II	85	0,74		1,99	1,94	10,84	7,90	8,02	425,87	407,44
66	I,5	II	85	0,76		1,95	1,98	11,80	8,92	8,97	481,46	450,32
67	II,0	II	85	0,66		2,00	2,56	10,60	9,37	7,00	370,26	365,98
68	I,8	II	85	0,62		1,98	2,56	11,08	9,27	6,87	365,80	362,05
69	I,6	II	85	0,59		1,96	2,66	11,56	9,36	6,82	365,21	351,76
70	I,7	II	87	0,50		1,97	2,30	11,32	6,74	5,66	302,25	293,15
71	I,5	II	87	0,44		1,95	2,34	11,80	6,40	5,19	278,74	273,46
72	II,3	II	89	0,93		1,89	1,94	9,82	9,51	9,13	502,20	490,13
73	II,4	II	90	0,77		1,92	1,78	9,76	7,00	7,51	406,56	393,14
74	I,9	II	90	0,67		1,79	1,54	10,22	5,88	6,85	395,90	382,18
75	II,2	II	90	0,63		1,86	2,68	9,88	9,13	6,22	347,76	340,62
76	I,9	II	90	0,57		1,79	1,40	10,22	4,59	5,83	336,81	327,71
77	II,1	II	90	0,44		1,83	2,98	9,94	7,30	4,37	248,16	444,89
78	I,5	II	95	0,95		1,75	1,38	10,75	8,24	10,21	631,75	597,46
79	II,3	II	95	0,85		1,89	2,52	9,48	11,69	8,06	470,56	464,00
80	I,9	II	100	0,71		1,60	2,00	9,64	8,88	6,84	436,93	443,96
81	I,9	II	100	0,67		1,60	1,94	9,64	7,92	6,46	412,32	408,02
82	II,3	II	100	0,63		1,69	1,94	9,22	6,81	5,81	355,89	351,11
83	II,3	II	100	0,59		1,69	2,02	9,22	6,77	5,44	333,29	335,17
84	II,3	II	100	0,79		1,69	2,06	9,22	6,73	5,44	333,29	326,82
85	II,4	II	100	0,54		1,72	1,98	9,16	5,86	4,95	298,73	295,94

86	I,7	II	100	0,48		1,60	1,74	10,12	5,38	4,86	310,18	309,18
87	I,7	II	105	0,85		1,47	1,32	9,68	7,11	8,23	556,41	538,34
88	II,3	II	106	0,80		1,56	1,38	8,90	5,87	7,12	458,88	425,51
89	II,3	II	105	0,55		1,56	1,34	8,90	4,07	4,89	315,48	303,78
90	II,3	II	105	0,50		1,56	2,30	8,90	6,30	4,45	286,80	274,02
91	I,8	II	120	0,94		1,30	1,22	8,32	7,29	7,82	609,68	597,62
92	I,8	II	120	0,71		1,30	1,14	8,32	5,14	5,91	460,51	450,50
93	I,5	II	120	0,70		1,30	1,42	8,80	6,84	6,16	485,10	481.85
94	II,2	II	120	0,55		1,32	1,56	7,84	5,12	4,31	328,13	327,91
95	II,2	II	121	0,54		1,24	1,80	7,60	5,51	4,10	323,78	306,34
96	II,5	III	59	0,91	0,71	4,25	4,04	12,60	12,30	11,47	319,41	304,43
97	II,6	III	60	0,87		4,34	4,44	12,40	13,16	10,79	295,10	296,30
98	II,7	III	70	0,63		3,05	3,40	11,08	8,45	6,98	253,39	248,46
99	III,0	III	70	0,60		3,20	3,02	10,60	6,53	6,36	219,00	216,22
100	II,8	III	75	0,86		2,72	2,58	10,52	8,31	9,05	360,34	341,60
101	II,5	III	75	0,82		2,60	2,04	11,00	7,15	9,02	374,33	350,34
102	II,6	III	75	0,77		2,64	2,88	10,84	8,99	8,35	341,88	312,25
103	II,7	III	75	0,76		2,68	3,16	10,68	10,00	8,12	327,94	316,54
104	III,2	III	75	0,71		2,90	3,24	9,88	8,10	7,01	264,12	250,06
105	II,6	III	75	0,69		2,64	2,56	10,84	7,42	7,48	306,36	290,07
106	II,6	III	78	0,77		2,64	2,06	10,84	6,94	8,35	341,88	377,08
107	II,6	III	75	0,53		2,64	1,82	10,84	4,03	5,74	235,32	221,25
108	III,0	III	80	0,75		2,50	2,84	10,00	8,27	7,50	313,50	291,36
109	II,8	III	80	0,70		2,42	2,62	10,16	7,41	7,11	309,96	282,97
110	II,8	III	80	0,59		2,42	2,80	10,16	6,89	5,99	261,25	246,00
111	II,9	III	80	0,51		2,46	1,42	10,08	2,96	5,14	219,50	208,51
112	II,7	III	82	0,48		2,38	1,72	10,24	3,59	4,91	218,50	208,76
113	III,3	III	85	0,96		2,42	2,20	9,18	7,99	8,81	386,78	363,28
114	III,4	III	85	0,79		2,46	2,98	8,96	8,65	7,08	309,05	290,34
115	II,9	III	85	0,76		2,27	2,80	9,70	9,73	7,37	342,23	347,54
116	II,6	III	85	0,59		2,18	2,54	10,00	7,00	5,90	287,45	275,57
117	II,7	III	81	0,56		2,21	2,10	9,90	5,46	5,54	265,94	260,15
118	II,6	III	83	0,48		2,18	2,18	10,00	4,94	4,80	233,86	226,69
119	II,7	III	85	0,40		2,21	2,42	9,90	4,64	3,96	189,96	191,71
120	II,9	III	81	0,98		2,07	2,42	9,46	10,66	9,27	458,64	440,71

Tabelle 15

Flächenverzeichnis Fichte, Waldgebiet Thüringer Wald/Erzgebirge

Lfd. Nr.	Ertragsklasse		Alter	Grundflächenschl.		lfd. jährl. Zuw. %		absol. lfd. jährl. Zuwachs			Masse verbl. Bestand/ha	
	Fläche	abger.		Fläche	Ekl. Durchschnitt	Tafelwerte	wirkl. Wert d. Fläche	Tafelwerte	wirkl. Wert d. Fläche	n. Schluß red. Tafelw.	auf Grundfl.-schl. red. Tafelwerte	wirkl. Derbholzmasse/ha
1	2	3	4	5	6	7	8	9	10	11	12	13
121	II,9	III	90	0,72		2,07	1,82	9,46	5,98	6,81	336,96	328,86
122	II,7	III	89	0,77		2,01	2,00	9,58	7,20	7,38	378,84	360,24
123	II,5	III	90	0,48		1,95	2,56	9,70	6,08	4,66	247,68	327,62
124	III,2	III	90	0,46		2,18	1,90	9,12	3,67	4,20	198,63	193,27
125	II,5	III	95	0,96		1,85	1,56	9,40	7,91	9,02	508,80	506,86
126	II,8	III	92	0,84		1,94	1,44	9,28	5,99	7,80	415,46	415,02
127	II,8	III	95	0,79		1,94	2,32	9,28	9,02	7,33	390,73	388,64
128	II,5	III	95	0,76		1,85	1,32	9,40	5,21	7,14	402,80	394,40
129	II,8	III	92	0,72		1,94	2,74	9,28	9,64	6,68	356,11	351,94
130	III,2	III	95	0,70		2,06	2,26	8,92	7,00	6,24	312,48	309,84
131	II,9	III	95	0,74		1,97	2,20	9,24	7,56	6,84	357,27	343,67
132	II,9	III	95	0,68		1,95	2,14	9,24	6,68	6,28	328,30	312,07
133	III,4	III	100	0,88		2,02	1,66	8,32	6,03	7,32	381,74	363,44
134	II,6	III	100	0,85		1,78	1,46	9,04	3,13	7,68	440,39	214,25
135	II,7	III	100	0,85		1,81	1,38	8,98	5,50	7,63	440,38	398,30
136	II,7	III	99	0,83		1,81	1,36	8,98	5,32	7,45	430,02	391,38
137	II,9	III	100	0,81		1,87	1,60	8,86	6,57	7,18	400,71	369,06
138	III,0	III	100	0,75		1,90	2,12	8,80	7,04	6,60	362,25	332,12
139	II,6	III	100	0,79		1,78	1,86	9,04	7,67	7,14	418,54	412,57
140	II,8	III	100	0,73		1,84	1,88	8,92	6,85	6,51	369,67	364,28
141	II,8	III	100	0,72		1,84	1,72	8,92	5,97	6,42	364,61	347,06
142	III,0	III	100	0,70		1,90	2,04	8,80	6,70	6,16	338,10	328,26
143	III,0	III	100	0,70		1,90	2,56	8,80	8,44	6,16	338,00	329,56
144	II,9	III	100	0,68		1,87	2,02	8,86	6,67	6,02	336,40	330,13
145	II,9	III	100	0,60		1,87	2,44	8,86	6,90	5,32	296,82	282,93

146	II,8	III	100	0,81		1,84	1,80	8,92	7,19	7,22	410,18	399,30
147	II,7	III	100	0,68		1,81	2,92	8,98	9,22	6,11	352,31	315,77
148	III,1	III	100	0,62		1,93	3,00	8,68	8,70	5,38	291,83	289,89
149	II,7	III	100	0,60		1,81	2,20	8,98	6,58	5,39	310,86	299,27
150	II,6	III	105	0,56		1,62	2,00	8,60	5,82	4,82	301,39	290,94
151	II,6	III	104	0,52		1,62	1,62	8,60	4,30	4,47	279,86	265,45
152	II,5	III	105	0,42		2,05	1,40	8,70	3,07	3,65	231,00	219,49
153	III,2	III	109	0,78		1,62	1,46	7,64	5,06	5,96	368,94	346,84
154	II,7	III	110	0,76		1,54	1,34	8,12	5,09	6,17	404,70	379,66
155	III,2	III	110	0,75		1,62	1,84	7,64	6,02	5,73	354,75	327,38
156	II,9	III	110	0,72		1,58	2,04	8,04	7,02	5,79	366,84	344 34
157	III,2	III	110	0,76		1,64	1,70	7,28	5,53	5,53	340,48	325,40
158	II,8	III	110	0,68		1,54	1,64	8,08	5,49	5,49	354,28	334,95
159	III,0	III	110	0,66		1,60	1,44	8,00	4,38	5,28	328,68	304,06
160	II,8	III	110	0,64		1,54	1,86	8,08	5,85	5,17	333,44	314,77
161	III,2	III	110	0,56		1,62	2,02	7,64	4,96	4,28	264,88	245,52
162	II,8	III	110	0,47		1,62	2,34	8,08	5,41	3,80	244,87	231,12
163	II,7	III	120	0,92		1,37	1,56	7,44	7,58	6,84	497,35	485,67
164	III,4	III	130	0,78		1,20	1,76	5,12	5,63	3,99	357,86	320,05
165	III,5	IV	69	0,67	0,67	3,50	4,12	9,70	8,20	6,50	209,71	199,04
166	IV,1	IV	85	0,92		2,74	3,34	8,02	9,04	7,38	286,12	270,76
167	III,5	IV	90	0,48		2,30	2,04	8,70	3,71	4,18	189,84	182,00
168	III,6	IV	90	0,43		2,34	1,86	8,56	2,96	3,68	164,86	158,96
169	IV,0	IV	95	0,75		2,30	2,54	7,80	6,42	5,85	261,00	252,81
170	IV,2	IV	95	0,69		2,34	2,06	7,40	4,51	5,11	225,08	218,87
171	IV,0	IV	95	0,55		2,30	3,18	7,80	6,03	4,29	191,40	189,78
172	III,9	IV	95	0,54		2,27	2,22	7,94	4,16	4,29	194,56	187,63
173	III,5	IV	100	0,80		2,05	2,10	8,20	6,80	6,56	337,20	323,77
174	IV,0	IV	100	0,37		2,20	1,44	7,60	1,86	2,81	133,20	129,50
175	IV,0	IV	105	0,90		1,90	1,65	7,00	5,18	6,30	331,20	319 66
176	III,7	IV	105	0,79		1,84	1,62	7,36	4,83	5,81	319,87	298,45
177	III,8	IV	106	0,74		1,86	2,62	7,24	7,25	5,36	290,52	276,76
178	IV,2	IV	104	0,69		1,92	2,00	6,52	4,48	4,50	237,64	223,86
179	III,6	IV	105	0,50		1,82	1,30	7,48	2,56	3,74	208,60	197,12
180	III,5	IV	121	0,72		1,25	2,20	5,40	6,17	3,89	317,88	280,47
181	III,6	IV	121	0,64		1,24	2,42	2,52	6,36	1,61	273,02	262,75
182	III,5	IV	130	0,94		1,15	1,74	4,80	6,51	4,51	418,77	374,41
183	IV,4	IV	95	0,53		2,42	2,88	6,60	4,41	3,50	149,78	153,20

Tabelle 15

Flächenverzeichnis Fichte, Waldgebiet Harz

Lfd. Nr.	Ertragsklasse		Alter	Grundflächenschl.		lfd. jährl. Zuw. %		absol. lfd. jährl. Zuwachs			Masse verbl. Bestand/ha	
	Fläche	abger.		Fläche	Ekl. Durchschnitt	Tafelwerte	wirkl. Wert d. Fläche	Tafelwerte	wirkl. Wert d. Fläche	n. Schluß red. Tafelw.	auf Grundfl.-schl. red. Tafelwerte	wirkl. Derbholzmasse/ha
1	2	3	4	5	6	7	8	9	10	11	12	13
1	0,9	I	50	0,89	0,73	4,37	3,92	16,78	14,82	14,93	386,3	378,06
2	0,7	I	50	0,85		4,11	4,20	17,14	15,02	14,57	388,1	357,70
3	I,2	I	85	0,89		2,10	1,66	12,52	9,61	11,14	602,5	578,74
4	I,4	I	85	0,47		1,95	2,48	11,70	7,36	5,40	297,7	296,65
5	I,4	I	115	0,57		1,30	1,16	9,10	4,54	5,19	394,2	391,46
6	II,3	II	60	0,95	0,85	4,07	4,44	13,00	13,76	12,35	355,9	309,99
7	I,6	II	60	0,94		3,60	4,30	14,40	18,09	13,54	430,1	420,69
8	II,0	II	60	0,90		3,80	3,02	13,60	10,83	12,24	369,0	358,71
9	I,6	II	60	0,86		3,60	2,62	14,40	9,94	12,38	393,5	379,33
10	II,1	II	85	0,94		2,03	1,96	10,50	9,99	9,87	515,8	509,49
11	II,2	II	85	0,85		2,12	1,90	10,40	8,24	8,84	455,9	433,40
12	II,0	II	85	0,78		2,00	1,62	10,60	6,87	8,27	437,6	423,99
13	II,1	II	90	0,98		1,83	1,88	9,94	10,30	9,74	552,7	547,69
14	I,9	II	90	0,94		1,79	1,42	10,22	7,74	9,61	555,4	545,45
15	II,3	II	90	0,90		1,89	1,68	9,82	7,94	8,84	486,0	472,42
16	II,2	II	90	0,86		1,86	1,54	9,88	6,92	8,50	474,7	449,11
17	I,9	II	90	0,74		1,79	1,70	10,22	7,14	7,56	437,3	419,81
18	II,3	II	90	0,58		1,89	2,10	9,82	6,22	5,70	313,2	296,01
19	II,1	II	95	0,99		1,73	1,44	9,56	7,73	9,46	571,4	536,82
20	II,0	II	95	0,87		1,70	1,16	9,60	5,67	8,35	512,4	488,69
21	II,3	II	95	0,78		1,79	1,42	9,48	5,72	7,39	431,8	404,52
22	II,3	II	95	0,77		1,79	1,92	9,48	7,79	7,30	426,3	405,92
23	II,0	II	95	0,74		1,70	1,20	9,60	4,87	7,10	435,9	406,07
24	II,5	III	60	0,95	0,82	5,10	2,98	12,60	10,39	11,97	333,5	348,62
25	II,6	III	65	0,99		3,56	2,80	11,92	11,03	11,80	376,0	393,84
26	III,0	III	70	0,88		3,20	2,92	10,60	5,94	9,33	321,2	203,55
27	III,3	III	70	0,87		3,38	2,08	8,98	5,76	7,81	290,4	277,05

28	II,7	III	73	0,99		2,68	1,62	10,68	6,29	10,57	427,2	388,09
29	III,3	III	88	0,73		2,22	2,22	8,98	6,33	6,55	306,4	285,22
30	III,1	III	88	0,68		2,14	2,24	9,26	6,45	6,30	301,9	287,93
31	III,2	III	88	0,65		2,18	2,72	9,12	7,50	5,93	280,7	275,69
32	II,6	III	88	0,64		1,98	2,24	9,64	6,95	6,17	322,6	310,21
33	III,0	III	95	0,95		2,00	1,68	9,20	7,17	8,74	447,5	426,56
34	III,3	III	92	0,92		2,09	1,38	8,78	5,23	8,09	399,4	379,06
35	III,1	III	95	0,88		2,03	1,76	9,06	6,72	7,97	403,7	376,19
36	III,0	III	95	0,83		2,00	1,60	9,20	6,05	7,64	390,9	378,43
37	II,5	III	95	0,93		1,85	2,50	9,40	12,23	8,74	492,9	489,35
38	III,1	III	95	0,84		2,03	3,30	9,06	12,05	7,61	385,3	365,23
39	III,2	III	100	0,91		1,96	2,08	8,56	8,18	7,79	417,1	393,49
40	II,8	III	100	0,87		1,84	1,84	8,92	7,58	7,76	440,6	411,90
41	II,8	III	100	0,87		1,84	1,60	8,92	6,57	7,76	440,6	410,87
42	II,8	III	100	0,86		1,84	1,30	8,92	5,25	7,67	435,5	403,86
43	II,9	III	100	0,81		1,87	1,50	8,86	5,75	7,18	400,7	383,14
44	II,8	III	97	0,81		1,84	1,66	8,92	6,57	7,23	410,2	395,87
45	II,6	III	99	0,80		1,78	1,62	9,04	6,35	7,23	423,8	391,94
46	II,5	III	99	0,82		1,75	2,28	9,10	9,54	7,46	444,0	418,37
47	III,0	III	99	0,74		1,90	1,44	8,80	4,67	6,51	357,4	324,14
48	II,6	III	97	0,72		1,78	1,48	9,04	5,17	6,51	381,5	349,31
49	II,8	III	100	0,68		1,84	1,74	8,92	5,52	6,07	344,3	317,46
50	II,8	III	99	0,62		1,84	1,28	8,92	3,77	5,53	314,0	294,30
51	III,1	III	99	0,61		1,93	1,30	8,88	3,44	5,42	287,1	264,47
52	III,4	III	104	0,86		1,78	1,46	7,72	4,84	6,64	379,9	331,40
53	II,8	III	104	0,75		1,66	1,12	8,40	3,73	6,30	385,9	332,70
54	III,4	III	104	0,68		1,78	2,18	7,72	5,95	5,25	300,4	273,11
55	II,8	III	105	0,70		1,66	1,40	8,40	4,67	5,88	360,2	333,49
56	III,0	III	118	0,90		1,40	1,12	7,20	4,56	6,48	456,3	406,78
57	III,2	III	118	0,81		1,38	1,06	6,72	3,42	5,44	389,0	322,85
58	II,9	III	125	0,98		1,29	1,70	6,90	8,16	6,76	509,8	480,28
59	III,0	III	125	0,98		1,30	1,62	6,80	7,52	6,66	498,8	464,32
60	III,5	IV	84	0,82	0,72	2,50	2,00	8,90	5,87	7,30	311,2	293,58
61	III,5	IV	105	0,68		1,80	1,94	7,60	4,82	5,17	292,1	248,41
62	III,6	IV	103	0,43		1,82	1,78	7,48	3,01	3,22	179,4	169,03
63	III,5	IV	118	0,82		1,35	1,72	6,00	5,18	4,92	360,8	301,07
64	V,0	V	105	0,84		2,00	2,98	4,60	6,06	3,86	208,3	203,24

b3) Frequenzreihen mit geringen Abweichungen von den Normalreihen (Typ 2)

Allgemein nur geringe, jedoch charakteristische Abweichungen vom Typ der annähernd normalen Massenfrequenzreihen weist der im folgenden beschriebene Typ 2 auf. Charakteristisch für diesen Typ ist ein überdurchschnittlicher prozentualer Massenanteil im Bereich der mittleren Durchmesserstufen (Abb. 49 und 50). Dem steht allgemein eine Verlagerung der Gipfelhöhen zum schwächeren Durchmesser, in einigen Fällen auch zum stärkeren Durchmesser gegenüber, während die stärksten, seltener die schwächsten Durchmesserstufen der Frequenzreihe allgemein einen sehr geringen prozentualen Massenanteil erfassen. Vielfach sind bereits die an die mittlere Durchmesserstufe unmittelbar anschließenden Frequenzbereiche prozentual unterbestockt.

Hinsichtlich der ertragskundlichen Bedeutung dieses Frequenzreihentyps gilt ähnlich wie für die Kiefer, daß die übernormale Konzentration von Stammzahlen in den mittleren Durchmesserklassen der Bestockung an sich noch nicht ausgesprochen nachteilig zu sein braucht. Schäden, besonders für den weiteren Massenzuwachsgang, werden jedoch zu befürchten sein, wenn

1. die überhöhte Frequenz sich auf geringere Durchmesserstufen verlagert,
2. die überdurchschnittliche Konzentration von Stammzahlen in den mittleren Durchmesserklassen auf Kosten der stärksten Durchmesserstufen entstand,

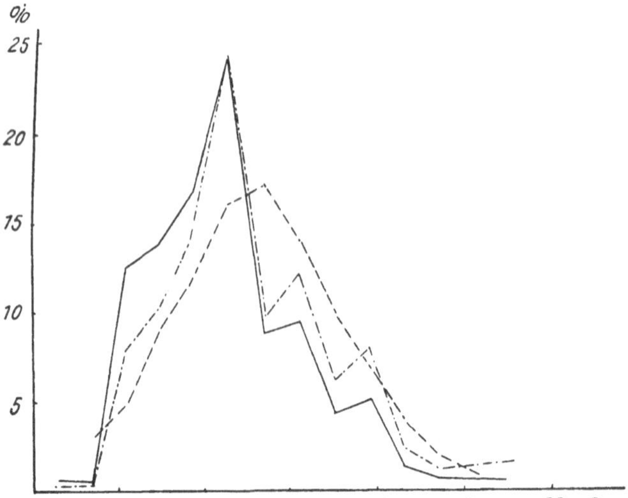

Abb. 49. Gipfelüberhöhte linksverlagerte Stammzahl- und Massenfrequenzreihe (Typ 2) Fichte, Ekl. I,5; Alter 85; Grundflächenschluß 0,47

——— Stammzahlfrequenzreihe
–·–·–· Massenfrequenzreihe
– – – – normale abgerundete Massenfrequenzreihe nach MITSCHERLICH

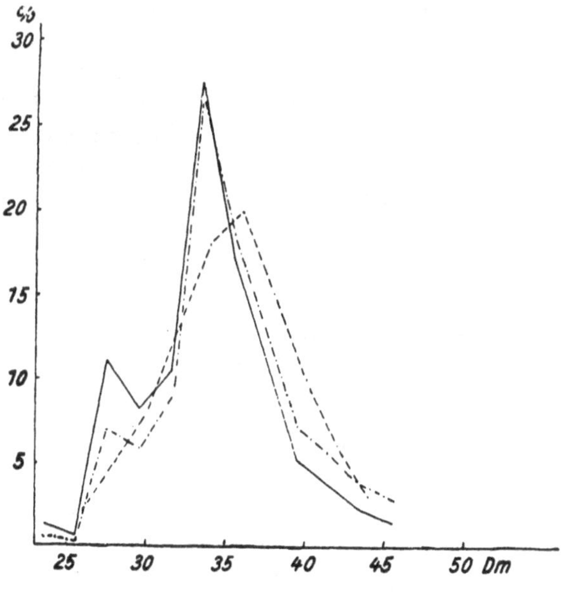

Abb. 50. Gipfelüberhöhte Stammzahl- und Massenfrequenzreihe (Typ 2) Fichte, Ekl. II,3; Alter 100; Grundflächenschluß 0,59
——— Stammzahlfrequenzreihe
-·-·-· Massenfrequenzreihe
- - - - normale abgerundete Massenfrequenzreihe nach MITSCHERLICH

3. der Aushieb nicht nach bestandespfleglichen Gesichtspunkten, das heißt unter Schonung der technisch wie biologisch guten Zuwachsträger, vorgenommen wurde.

Der Typ der gipfelüberhöhten Frequenzreihen ist mit etwa 24% aller Flächen etwas häufiger vertreten als der Typ 1. Er ist im wesentlichen auf den verlichteten Flächen zu finden, wie aus der folgenden Zusammenstellung der prozentualen Gliederung nach Grundflächenschlußgruppen hervorgeht.

Grundflächenschlußgruppe	bis 0,50	= 8%	der Frequenzreihen des Typs 2
„	0,51–0,70	= 38%	„
„	0,71–0,90	= 33%	„
„	0,91 und höher	= 21%	„

Waldgebietsunterschiede im Auftreten gipfelüberhöhter Frequenzreihen konnten nicht festgestellt werden.

b4) Frequenzreihen mit starken Abweichungen von den Normalreihen (Typ 3).

61 % sämtlicher untersuchter Probeflächen weisen Massenfrequenzen auf, die großenteils erheblich von den Normalreihen abweichen (Abb. 51–53). Es ließ sich dabei ein Typ herausarbeiten, zu dem 95 % aller Frequenzreihen mit starken Abweichungen gehören. Dieser Typ zeichnet sich durch starke Massenreduktion im Bereich der Mittelstammstufe aus. Die Gipfelhöhe der Frequenzreihe im Mittelstammbereich wird ersetzt durch zwei, zuweilen auch mehrere Gipfelhöhen zu beiden Seiten des Mittelstammes, deren Lage der Gipfelhöhe der entsprechenden Normalreihe entspricht. Der Eingriff in Bestockungen, deren Massenstruktur dem geschilderten Typ 3 entspricht, traf besonders den Mittelstammbereich, also den Kern des Kollektivs der guten Zuwachsträger und führte bei starker Entnahme vielfach zu weitgehender Strukturauflösung.

Hinsichtlich der Verteilung stark veränderter Massenstrukturen auf Grundflächenschlußgruppen weicht die Fichte in charakteristischer Weise von der Kiefer ab. Während stark veränderte Massenfrequenzen bei der Kiefer fast ausschließlich in verlichteten, in stark verlichteten und nur selten in schwach gelichteten Flächen auftraten, sind bei der Fichte solche Frequenzen in einem verhältnismäßig hohen Grade bereits in schwach gelichteten Flächen und auch in Bestockungen mit vollem Grundflächenschluß ermittelt worden.

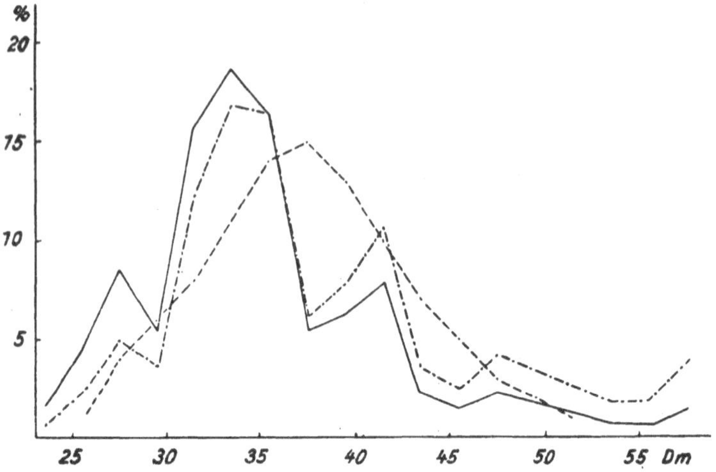

Abb. 51. Linksverlagerte stark veränderte Stammzahl- und Massenfrequenzreihe (Typ 3a), Fichte Ekl. 0,9; Alter 80; Grundflächenschluß 0,54

——— Stammzahlfrequenzreihe

–·–·– Massenfrequenzreihe

– – – – normale abgerundete Massenfrequenzreihe nach MITSCHERLICH

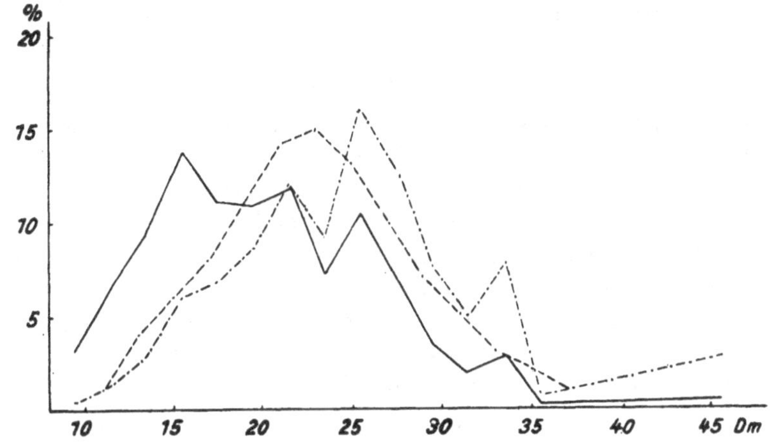

Abb. 52. Rechtsverlagerte stark veränderte Stammzahl- und Massenfrequenzreihe (Typ 3b) Fichte, Ekl. I,6; Alter 50; Grundflächenschluß 0,76

——— Stammzahlfrequenzreihe

–·–·–· Massenfrequenzreihe

– – – – normale abgerundete Massenfrequenzreihe nach MITSCHERLICH

Ein wesentlicher Grund für das Auftreten stark veränderter Massenfrequenzen in Bestockungen mit hohen Grundflächenschlüssen liegt möglicherweise auch in der verhältnismäßig niedrigen Grundflächenhaltung der zur Bestimmung des Grundflächenschlußgrades herangezogenen Fichtentafel WIEDEMANN 1936/42, mäßige Durchforstung. Dem Grundflächenschluß 1,00 dieser Tafel entspricht allgemein eine Grundfläche, die auch in nicht mehr normal strukturierten Beständen erreicht werden kann. Der Abbau des Gipfelbereiches der Frequenzreihe durch entsprechende Hiebsführung muß bei der Fichte nicht unbedingt unpfleglich wirken. Zweifellos ist das jedoch dann der Fall, wenn ein solcher Eingriff plötzlich erfolgt und in seiner Stärke über das Maß üblicher Durchforstungseingriffe hinausgeht. Eine derartige Hiebsführung ist bei den für die vorliegende Untersuchung herangezogenen gelichteten Probeflächen vorgenommen worden. Es kommt hinzu, daß außer der Stammstärke im besonderen das Vorliegen spezieller Sorten- und Qualitätseigenschaften bestimmend für den Aushieb war. Allgemein läßt sich sagen:

1. Stark veränderte Frequenzreihen treten in allen Waldgebieten und Ertragsklassen auf. In höheren Bestockungsaltern ist ihre prozentuale Häufigkeit etwas größer als in geringen Altern.
2. Sowohl auf die schwach gelichteten Probeflächen der Grundflächenschlüsse 0,71 bis 0,90 als auch auf die unpfleglich aufgelichteten Grundflächenschlüsse 0,51 bis 0,70 entfällt ein hoher prozentualer Anteil stark veränderter Frequenzreihen, wobei das Schwergewicht des Anteils bei den schwach gelichteten Flächen liegt.

3. Die Veränderung der Massenstruktur durch Abbau des Gipfelbereiches hat eine „Verlagerung" der prozentualen Stufenmassen zur Folge, die in folgenden drei typischen Formen dargestellt werden kann.

   a) Die Gipfelhöhe der stark veränderten Frequenzreihen verlagert sich nach links, d. h. zur Seite des schwächeren Durchmessers hin. Oft ist nicht nur der Mittelstammbereich, sondern auch der Frequenzbereich über den stärkeren Durchmessern prozentual unterbestockt (Abb. 51).

   b) Die Gipfelhöhe der stark veränderten Frequenzreihen verlagert sich nach rechts, d. h. zur Seite des stärkeren Durchmessers hin. Neben dem Mittelstammbereich weist der Frequenzbereich über den schwächeren Durchmessern geringere prozentuale Massenanteile als der entsprechende Frequenzbereich über den stärkeren Durchmessern auf (Abb. 52).

   c) Die Veränderung der Normalstruktur führt zu einer beiderseits des Mittelstammbereiches annähernd gleichen Verteilung der prozentualen Massenanteile (Abb. 53), die vielfach Mehrgipfeligkeit zur Folge hat.

Von den genannten drei Frequenzkurven tritt der Typ 3a mit links verlagerter Massenfrequenz am häufigsten auf. 22 % der untersuchten Flächen haben Massenfrequenzreihen dieses Typs. Es folgen die rechtsverlagerten Frequenzreihen vom Typ 3b, zu denen 20 % der untersuchten Flächen gehören. Der beiderseits gleichverteilte Typ 3c schließlich konnte für 19 % sämtlicher untersuchten Probeflächen nachgewiesen werden.

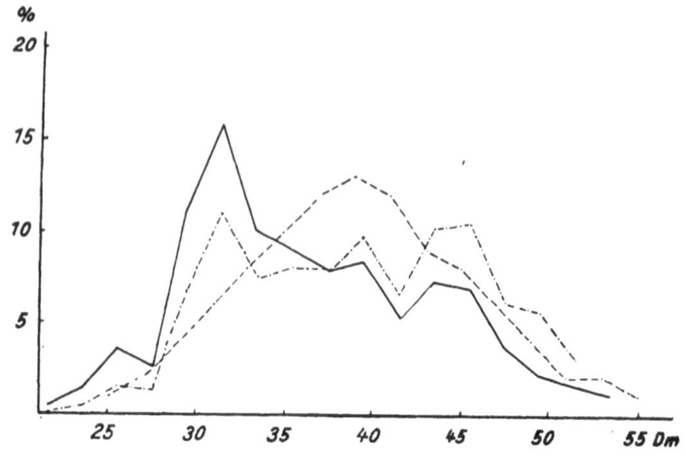

Abb. 53. Beiderseitig verlagerte mehrgipfelige, stark veränderte Massenfrequenzreihe (Typ 3c) Fichte, (Stammzahlfrequenzreihe eingipfelig), Ekl. 0,7; Alter 85; Grundflächenschluß 0,85

——— Stammzahlfrequenzreihe

–·–·–· Massenfrequenzreihe

– – – – normale abgerundete Massenfrequenzreihe nach MITSCHERLICH

Wie bereits zum Ausdruck kam, läßt das Vorhandensein einer gipfelverlagerten, zumeist mehrgipfeligen Massenverteilungsreihe noch nicht ohne weiteres den Schluß auf unpflegliche Behandlung als Ursache der Strukturveränderung zu. Die Gliederung in drei Typen 3a–c führt dabei zu einer besseren Übersicht über das Verhältnis von unpfleglicher Auflichtung und Massenstruktur. So ist der linksverlagerte Typ 3a, der für unpflegliche Behandlung charakteristisch ist,

zu 50 % in der Grundflächenschlußgruppe 0,51–0,70
zu 41 % „ „ „ 0,71–0,90

und nur

zu 9 % „ „ „ 0,91 und höher

vertreten.

Der rechtsverlagerte Typ 3b und der beiderseits gleichverteilte Typ 3c bringen das Verhältnis von unpfleglicher Auflichtung und Massenstruktur nicht klar zum Ausdruck.

Der Typ 3b verteilt sich auf die ausgeschiedenen Grundflächenschlußgruppen wie folgt:

Grundflächenschlußgruppe	0,51–0,70	= 20 %	der Frequenzreihen des Typs 3b
„	0,71–0,90	= 40 %	„
„	0,91 und höher	= 40 %	„

Beim Kurventyp 3c ergeben sich folgende prozentuale Verteilungen:

Grundflächenschlußgruppe	0,50	= 5 %	der Frequenzreihen des Typs 3c
„	0,51–0,70	= 32 %	„
„	0,71–0,90	= 47 %	„
„	0,91 und höher	= 16 %	„

Der Anteil von Bestockungen hoher Grundflächenschlußgrade ist bei den beiden letztgenannten Typen, besonders beim Typ 3b, recht bedeutend.

Ausgesprochene einseitig geführte Hiebe auf den stärksten Stamm, wie sie bei der Kiefer oft gefunden wurden, traten bei der Fichte nicht mit gleicher Deutlichkeit hervor. Es fehlt daher auch ein entsprechender Frequenzreihentyp.

b5) Zusammenfassung der Strukturuntersuchung an Fichte

Durch Auswertung von 130 Probeflächen wurde eine Untersuchung der Bestockungsstruktur unpfleglich behandelter Fichtenbestände verschiedenen Alters, unterschiedlicher Ertragsklasse aus verschiedenen Waldgebieten vorgenommen. Als Weiser für die Bestockungsstruktur wurde die prozentuale Massenfrequenz der Probeflächen benutzt. Die der Abhandlung beigefügten Zeichnungen enthalten die prozentualen Stammverteilungsreihen einiger typischer Bestockungsstrukturen.

Das vorliegende Probeflächenmaterial gestattet die Ausscheidung dreier typischer Frequenzreihen:

1. Die normalen oder annähernd normalen Massenfrequenzreihen entsprechen weitgehend den von MITSCHERLICH (11) dargestellten, in der vorliegenden Untersuchung zum Vergleich herangezogenen Normalreihen. Sie konnten in rund 15 % der untersuchten Flächen ermittelt werden. Im Gegensatz zur Kiefer konzentrieren sich die normal strukturierten Bestockungen jedoch nicht auf die hohen Grundflächenschlußgrade; sie sind vielmehr auch in den mittleren und geringen Grundflächenschlußgruppen mit hohen prozentualen Anteilen vertreten.

2. Die gering veränderten, zumeist gipfelüberhöhten Frequenzreihen sind zu rund 24 % vertreten. Sie sind mit verhältnismäßig hohen Anteilen auf die mittleren und geringen Grundflächenschlußgrade konzentriert. Aus diesem Strukturtyp läßt sich für die aufgelichteten Probeflächen ein geringes Maß an Unpfleglichkeit ableiten.

3. Zu einem dritten Frequenzreihentyp wurden die Probeflächen zusammengefaßt, die eine starke Stammzahlreduktion im Mittelstammbereich aufweisen. Nach der Verlagerungsrichtung der Gipfelhöhen wurden drei Unterformen dieses Frequenzreihentyps unterschieden:

   a) Die Gipfelhöhe verlagert sich zur Seite des schwächeren Durchmessers hin. Dieser Typ umfaßt rund 22 % der untersuchten Probeflächen. Er konzentriert sich auf die mittleren und besonders auf die geringen Grundflächenschlüsse und ist zweifellos der Strukturtyp, der die Unpfleglichkeit eines Eingriffs bei der Fichte am eindeutigsten wiedergibt.

   b) Die Gipfelhöhe verlagert sich in Richtung des stärkeren Durchmessers. 20 % der Probeflächen konnten diesem Typ zugeordnet werden, der vornehmlich in den mittleren und hohen Grundflächenschlußgraden vertreten ist.

   c) Die prozentuale Massenverlagerung nach Abbau der Frequenzmitte erfolgt nach beiden Seiten des Mittelstammes in etwa gleichem Maße. Allgemein liegt Mehrgipfeligkeit vor.

   Rund 19 % der Flächen haben Strukturen dieses Frequenztyps. Zumeist handelt es sich um Bestockungen mittleren und geringen Grundflächenschlußgrades. In einigermaßen vollbestockten Beständen tritt dieser Typ weniger auf.

Tabelle 16 gibt die prozentuale Verteilung der nach Grundflächenschlußgruppen gegliederten Probeflächen auf die beschriebenen Typen zusammenfassend wieder.

Tabelle 16

Prozentuale Gliederung der Grundflächenschlußgruppen nach Frequenzreihentypen
(Flächen einer Grundflächenschlußgruppe jeweils gleich 100 %)

Frequenztyp	Grundflächenschlußgruppe bis 0,50	0,51—0,70	0,71—0,90	0,91 u. höher
1. Annähernd normale Frequenzreihen	—	14 %	15 %	18 %
2. Gipfelüberhöhte Frequenzreihen	67 %	26 %	20 %	23 %
3. Linksverlagerte stark veränderte Frequenzreihen	—	32 %	23 %	9 %
3b Rechtsverlagerte stark veränderte Frequenzreihen	—	11 %	20 %	36 %
3c Beiderseitig verlagerte stark veränderte Frequenzreihen	33 %	17 %	22 %	14 %
	100 %	100 %	100 %	100 %

Zusammenfassend ist festzustellen, daß sich bei der Fichte die Unpfleglichkeit der Bestandesbehandlung nicht in der gleichen klaren Form wie bei der Kiefer ausdrückt. Es fehlen einige charakteristische Frequenzreihentypen unpfleglich behandelter Bestände, die für die Kiefer in sehr eindeutiger Form vorliegen.

c) Das Zuwachsprozent an Derbholzmasse

Die Zeichnungen des Zuwachsprozentes der Fichte aller Flächen (Abb. 54–57) zeigen im großen und ganzen eine bemerkenswerte gleichmäßige Streuung zur Ertragstafel WIEDEMANN mäßige Durchforstung 1936 (21). In der I. Ertragsklasse liegen die Werte von 80–95 Jahren, zu denen der größte Teil aller Flächen gehört,

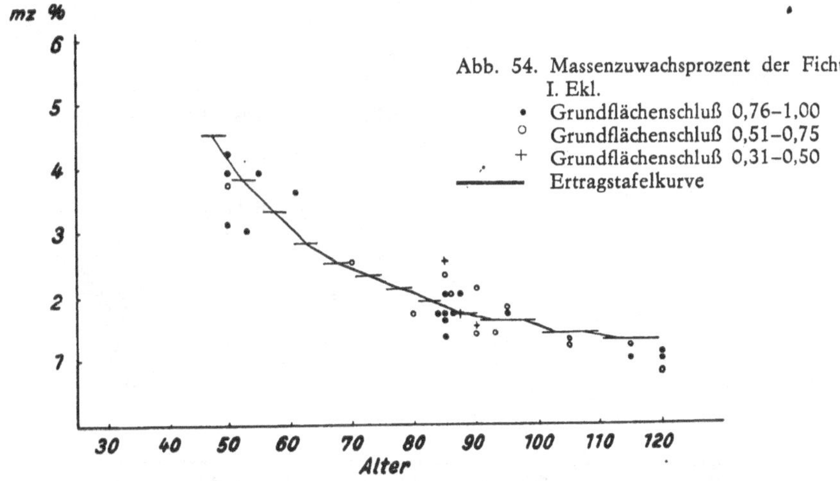

Abb. 54. Massenzuwachsprozent der Fichte, I. Ekl.

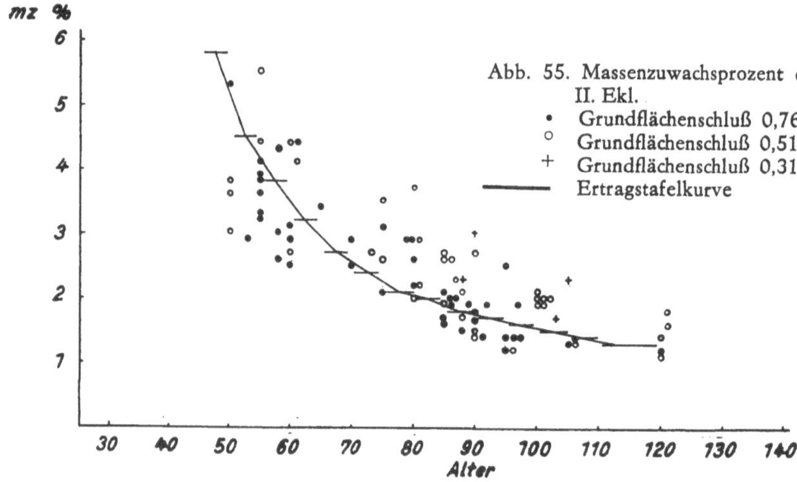

Abb. 55. Massenzuwachsprozent der Fichte, II. Ekl.
• Grundflächenschluß 0,76–1,00
○ Grundflächenschluß 0,51–0,75
+ Grundflächenschluß 0,31–0,50
—— Ertragstafelkurve

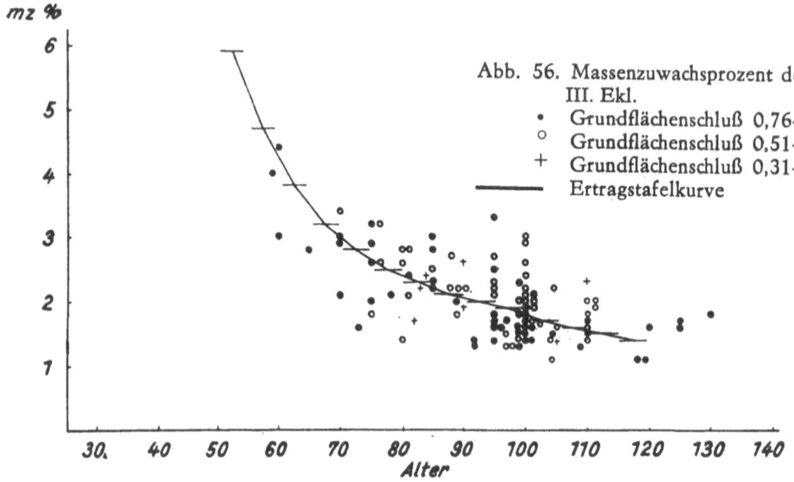

Abb. 56. Massenzuwachsprozent der Fichte, III. Ekl.
• Grundflächenschluß 0,76–1,00
○ Grundflächenschluß 0,51–0,75
+ Grundflächenschluß 0,31–0,50
—— Ertragstafelkurve

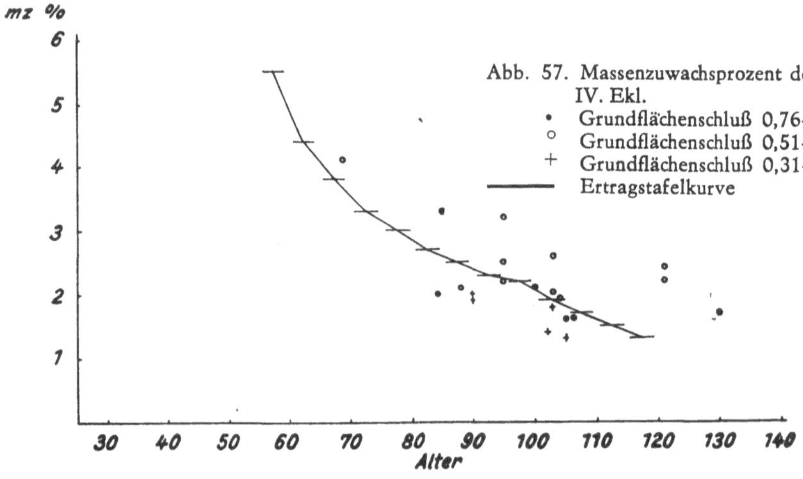

Abb. 57. Massenzuwachsprozent der Fichte, IV. Ekl.
• Grundflächenschluß 0,76–1,00
○ Grundflächenschluß 0,51–0,75
+ Grundflächenschluß 0,31–0,50
—— Ertragstafelkurve

etwas über der Ertragstafelkurve, während die wenigen Flächen der höheren Alter unwesentlich darunter liegen.

In der II. Ertragsklasse liegen die Zuwachsprozentwerte im Durchschnitt ½ % bis 1 % über den Ertragsklassenwerten. Am meisten macht sich die Tendenz zur Überhöhung in den Altern zwischen 75–90 Jahren bemerkbar. Aber auch in den höheren Altern sind die ermittelten Zuwachsprozente der Ertragstafel meistens deutlich überlegen.

Das gleiche gilt in etwas abgeschwächter Form für die III. Ertragsklasse, während bei den wenigen Flächen der IV. Ertragsklasse sich im allgemeinen eine stärkere Konzentration um die Ertragstafelkurve andeutet, der nur wenige Flächen nicht folgen.

Wenn man also allgemein Ergebnisse aus der Eintragung der Zuwachsprozentwerte über dem Alter gewinnen will, dann scheint die Vermutung berechtigt, daß die bei der Auflockerung, gleich welcher Art, normale Erhöhung des Zuwachsprozentes nur bei den mittleren Ertragsklassen bemerkbar wird, während sie bei den Extremen, nämlich der I. und IV. Ertragsklasse, nicht zu erkennen ist. Eine Bearbeitung der V. Ertragsklasse war nicht möglich, weil sich dort nicht genügend Flächen fanden, die ausgewertet werden konnten. Die Darstellung des laufenden Grundflächenzuwachsprozentes, die in der II. und III. Ertragsklasse vorgenommen wurde (Abb. 58, 59) zeigt, daß der Grundflächenzuwachs bei gleichem Alter im Vergleich zur Ertragstafelkurve etwas höher liegt als der Massenzuwachs. Unter der Voraussetzung richtiger Relation der Ertragstafelwerte für die Fichte der untersuchten Gebiete

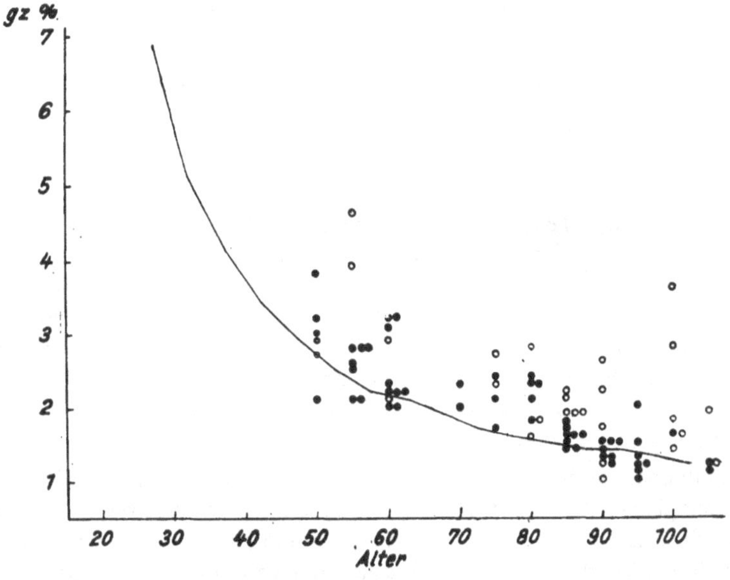

Abb. 58. Grundflächenzuwachsprozent der Fichte, II. Ekl.
Signatur wie beim Massenzuwachs
——— Ertragstafelkurve

würde diese Feststellung auf die abbremsende Wirkung eines der zuwachsbildenden Faktoren außer der Grundfläche hindeuten. Da es sich nicht um die Höhe handeln kann, bleibt nur der Schluß übrig, daß die Formzahl gegenüber der Ertragstafelformzahl in den wenigen Jahren nach der Auflockerung bereits so gesunken ist, daß sich ihre Veränderung auf die Höhe des laufenden Massenzuwachses auswirkt. In den jüngeren Altern sind die Differenzen der Grundflächenzuwüchse zur Ertragstafelkurve im Verhältnis zur Lage der Massenzuwüchse merklich größer als in den höheren Altern. Das bedeutet eine stärkere Beeinflussung des Formzuwachses in negativer Hinsicht während der Jugend, wie es an sich auch zu erwarten ist.

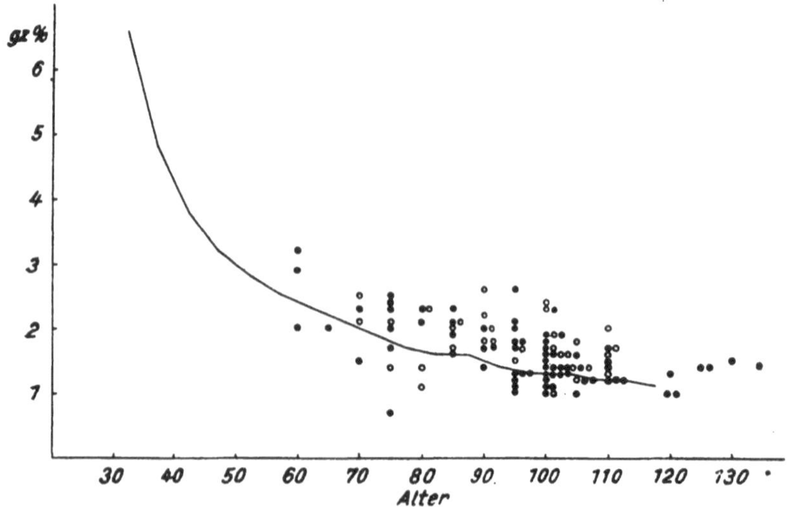

Abb. 59. Grundflächenzuwachsprozent der Fichte, III. Ekl.
Signatur wie beim Massenzuwachs
——— Ertragstafelkurve

d) Der absolute laufend-jährliche Derbholzmassenzuwachs

Die Auftragung der absoluten Zuwachswerte über den Altern (Abb. 60–63) zeigt zunächst bei allen Ertragsklassen eine bemerkenswerte Streuung der Einzelwerte um die Ertragstafelkurve. Sie umfaßt bei der I. Ertragsklasse etwa 8 fm, bei der II. etwa 7 fm, bei der III. etwa 6 fm, bei der IV. etwa 5 fm und übertrifft damit die Streuung der absoluten Zuwüchse bei der Kiefer recht erheblich.

Die Beeinflußbarkeit der Zuwachshöhe durch wechselnde Schlußgrade dürfte danach größer sein als bei der Kiefer. Die Verteilung der Flächen höherer und niedrigerer Grundflächenschlüsse zeigt nicht nur bei der II. und III. Ertragsklasse, in denen die meisten Probeflächen vorhanden sind, sondern auch in den übrigen Ertragsklassen eine viel deutlichere Schichtung der Schlußgradgruppen, als sie bei der Kiefer zu erkennen war.

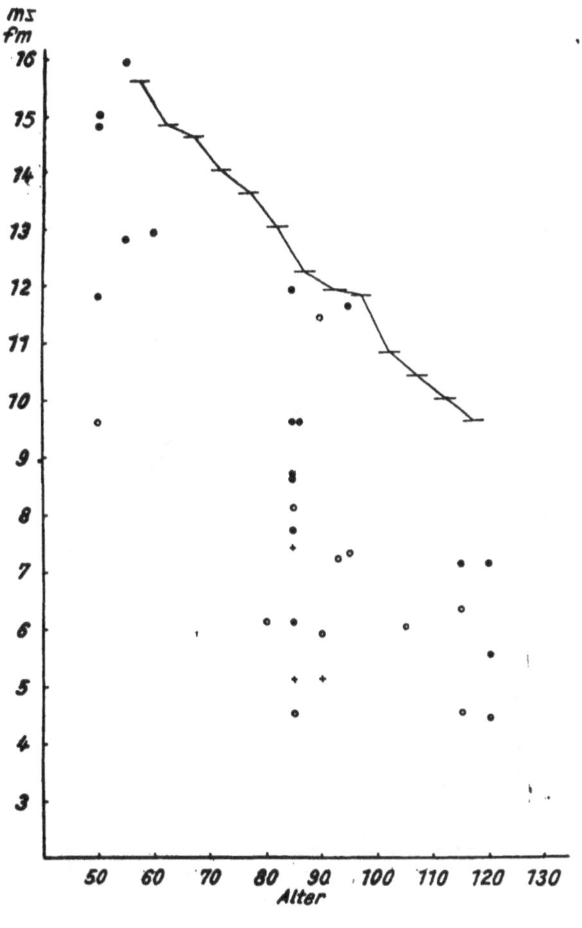

Abb. 60. Absoluter Massenzuwachs der Fichte, I. Ekl.
• Grundflächenschluß 0,76–1,00
○ Grundflächenschluß 0,51–0,75
+ Grundflächenschluß 0,31–0,50
——— Ertragstafelkurve

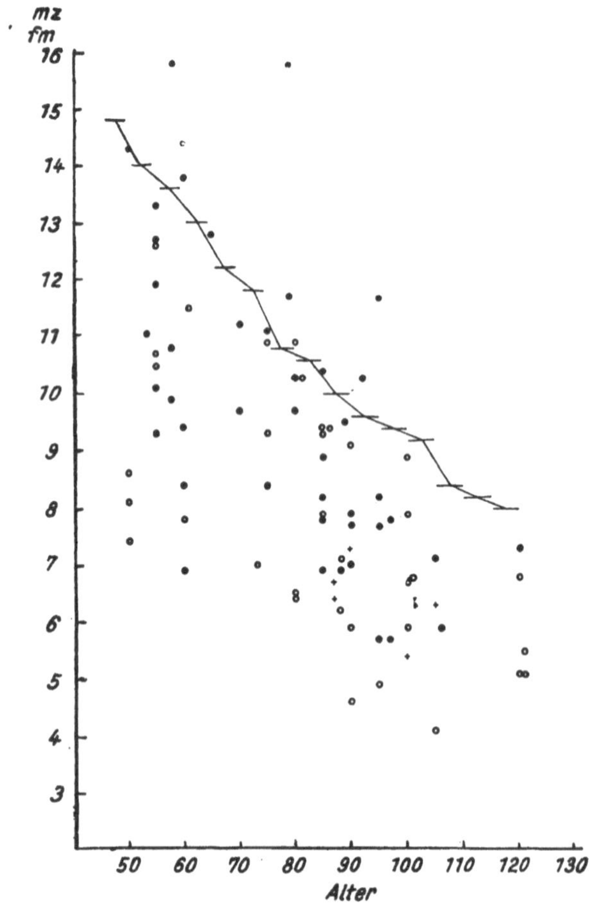

Abb. 61. Absoluter Massenzuwachs der Fichte II. Ekl.
• Grundflächenschluß 0,76–1,00
° Grundflächenschluß 0,51–0,75
+ Grundflächenschluß 0,31–0,50
——— Ertragstafelkurve

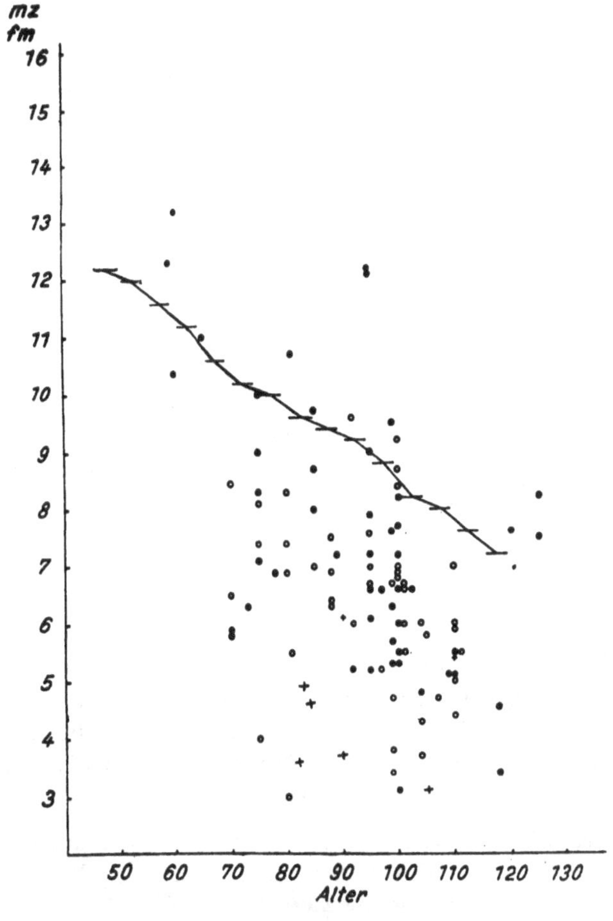

Abb. 62. Absoluter Massenzuwachs der Fichte III. Ekl.
• Grundflächenschluß 0,76–1,00
○ Grundflächenschluß 0,51–0,75
+ Grundflächenschluß 0,31–0,50
—— Ertragstafelkurve

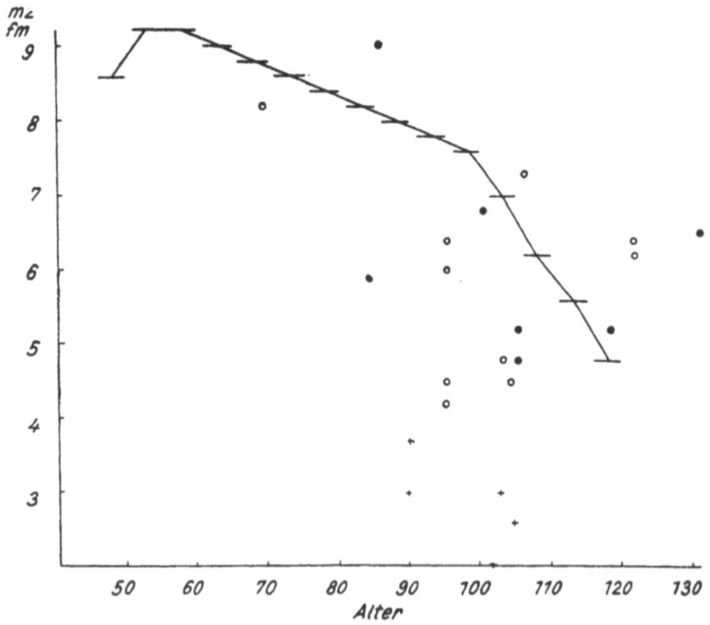

Abb. 63. Absoluter Massenzuwachs der Fichte IV. Ekl.
• Grundflächenschluß 0,76–1,00
° Grundflächenschluß 0,51–0,75
+ Grundflächenschluß 0,31–0,50
——— Ertragstafelkurve

Innerhalb der einzelnen Ertragsklassen wurden wie bei der Kiefer zunächst alle Flächen der drei Schlußgradgruppen, nämlich 0,76–1,00, 0,51–0,75 und 0,50 und tiefer zusammengefaßt. Da die Zuwachswerte für Zehntelschlußgrade erforderlich sind, mußte entsprechend interpoliert werden. Für den Grundflächenschluß von 0,4 erfolgte wie bei der Kiefer eine Extrapolation.

Bei der Berechnung der Kurven für absoluten Derbholzmassenzuwachs in der I. Ertragsklasse ergab sich dabei insofern eine Schwierigkeit, als bei einer Mittelung aller vorhandenen Flächenwerte die Zuwüchse der Grundflächenschlüsse von 0,7 und tiefer unter die Zuwüchse der II. Ertragsklasse und teilweise auch der III. Ertragsklasse absanken. Es scheint mir nicht möglich, daß dies den tatsächlichen Verhältnissen entsprechen sollte.

Ich habe daher die Kurven der Grundflächenschlüsse 0,7–0,4 soweit erhöht, daß sie wenigstens etwas über den Kurven der II. Ertragsklasse liegen. Die stärksten Erhöhungen traten bei den geringsten Grundflächenschlüssen ein. Die Berechnung der II., III. und IV. Ertragsklasse erforderte außer dem normalen Ausgleich keine besondere Korrektur, sondern ergab im Verhältnis zu den Ertragstafelwerten durchaus annehmbare Kurven.

e) Die Unterschiede im Zuwachs verschiedener Waldgebiete

Die getrennte Auftragung der Zuwachsprozentzahlen für Thüringen/Erzgebirge und Harz in der II. und III. Ertragsklasse (Abb. 64–67) für die genügend Flächen vorhanden sind, zeigt für den Harz mit einiger Deutlichkeit eine straffere Beziehung zur Ertragstafelkurve als für den Thüringer Wald.

Außerdem lassen die Kurven erkennen, daß im Thüringer Wald offenbar, und zwar vor allen Dingen in den höheren Altern, eine Tendenz größerer Überlegenheit zur Ertragstafelkurve vorhanden ist. Im Harz sinken im Gegensatz dazu in den höheren Altern meistens die Zuwachsprozentwerte sowohl in der II. als auch in der III. Ertragsklasse unter die Ertragstafelkurve ab. Wenn man für die einzelnen Jahrzehnte eine Mittelung der vorhandenen absoluten Zuwachswerte vornimmt, so ergibt sich folgende Tabelle:

Tabelle 17

Absolute mittlere Massenzuwüchse

	Alter						
	bis 50	51—60	61—70	71—80	81—90	91—100	über 100
Thüringen							
I. Ertragsklasse	10,68	14,4	—	6,14	7,73	8,70	6,08
II. Ertragsklasse	9,64	10,77	10,81	9,87	11,96	7,40	5,92
III. Ertragsklasse	—	12,73	7,49	7,21	6,58	6,94	5,41
IV. Ertragsklasse	—	—	8,20	—	5,24	4,96	5,42
Harz							
I. Ertragsklasse	14,92	—	—	—	8,49	—	4,54
II. Ertragsklasse	—	13,16	—	—	7,93	6,36	—
III. Ertragsklasse	—	10,39	7,58	6,29	6,88	6,56	5,36
IV. Ertragsklasse	—	—	—	—	5,87	—	4,34

Auch aus den Daten des absoluten Massenzuwachses läßt sich ziemlich deutlich die gleiche Tendenz erkennen, die schon bei der Betrachtung der Zuwachsprozentzahlen sichtbar wurde. Vor allen Dingen im höheren Alter sind die Zuwachswerte des Harzes vielfach merklich tiefer als die Werte des Thüringer Waldes. Dabei liegen im Harz die durchschnittlichen Grundflächenschlüsse häufig wesentlich über den Grundflächenschlüssen des Thüringer Waldes. Sie haben folgende Höhe:

	I.	II.	III.	VI. Ertragsklasse
Thüringer Wald	0,74	0,71	0,71	0,67
Harz	0,73	0,85	0,82	0,72
Mit Flächenzahlen gewogenes Mittel	0,74	0,74	0,75	0,68

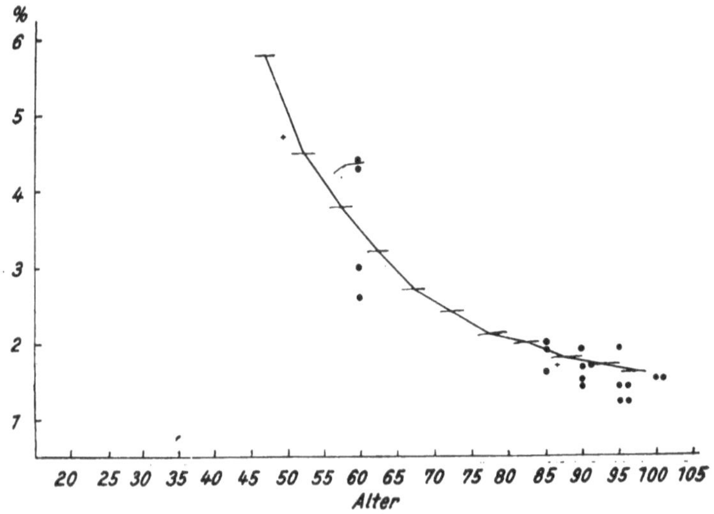

Abb. 64. Massenzuwachsprozent der Fichte im Harz II. Ekl.
• Grundflächenschluß über 0,7
○ Grundflächenschluß einschl. 0,7
+ Grundflächenschluß I. Ekl. über 0,7
——— Ertragstafelkurve

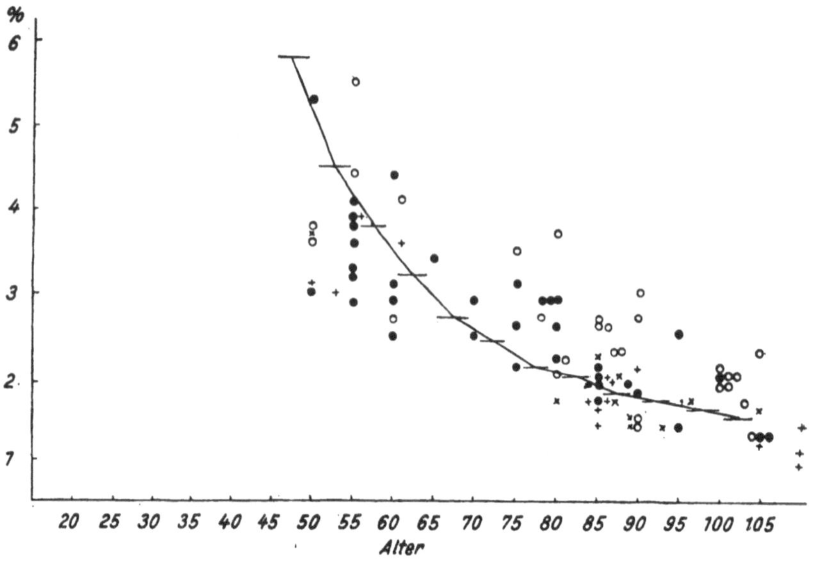

Abb. 65. Massenzuwachsprozent der Fichte in Thüringen II. Ekl.
• Grundflächenschluß über 0,7
○ Grundflächenschluß einschl. 0,7
+ I. Ekl. über und
× unter 0,7 Grundflächenschluß
——— Ertragstafelkurve

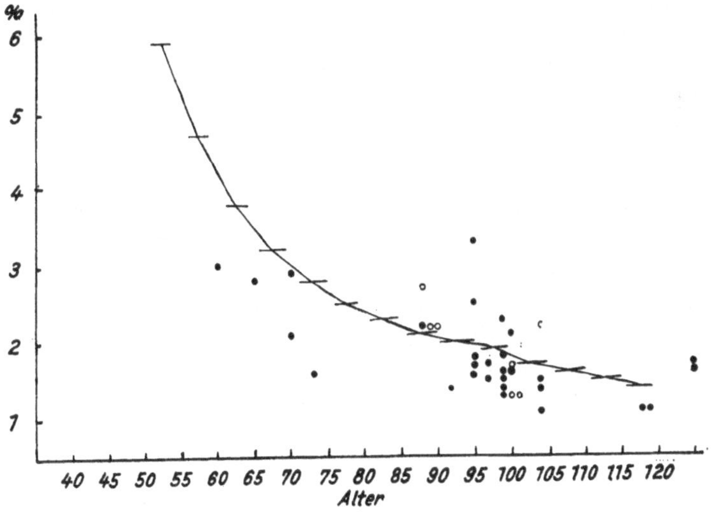

Abb. 66. Massenzuwachsprozent der Fichte im Harz III. Ekl.
• Grundflächenschluß über 0,7
○ Grundflächenschluß bis einschl. 0,7
——— Ertragstafelkurve

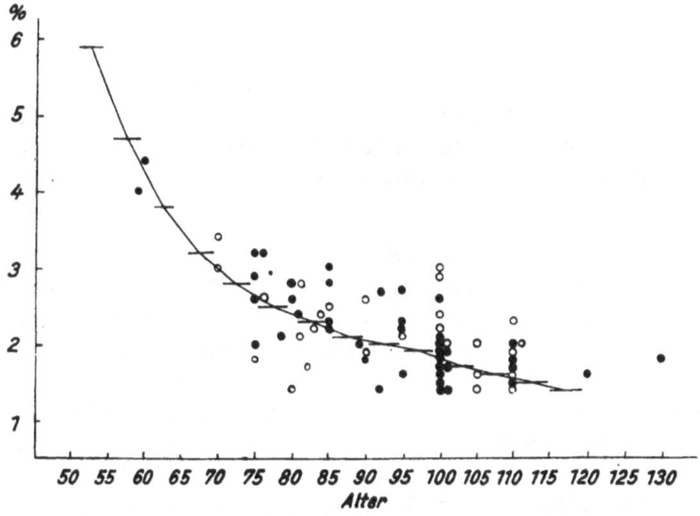

Abb. 67. Massenzuwachsprozent der Fichte in Thüringen III. Ekl.
• Grundflächenschluß über 0,7
○ Grundflächenschluß bis einschl. 0,7
——— Ertragstafelkurve

Gerade bei den beiden Ertragsklassen, in denen sowohl im Zuwachsprozent wie auch im absoluten Zuwachs die Unterschiede deutlich hervortreten, nämlich in der II. und III. Ertragsklasse, sind die durchschnittlichen Grundflächenschlüsse der Harzflächen um über 1/10 höher als diejenigen des Thüringer Waldes.

Die Tatsache des durchschnittlich höheren Grundflächenschlusses im Harz fiel schon allgemein bei der Bearbeitung des Flächenmaterials auf. Obwohl grundsätzlich nur Flächen ausgesucht wurden, die in unpfleglicher Weise ziemlich stark durchhauen worden sind, und obwohl zu der hier besprochenen Auswertung nur Flächen ohne jedenfalls erkennbare Schälschäden herangezogen wurden, haben die Bestandesgrundflächen meistens noch eine recht erhebliche Höhe, so daß sich zwischen äußerem Bestandesbild und geschätzter Grundfläche fast immer Differenzen ergeben. Es liegt daher die Vermutung nahe, daß die Grundflächen der Harzfichte allgemein höher liegen als die der Thüringerwaldfichte. Es kann sich dabei um einen echten Unterschied handeln; die Gründe können aber auch in anderer Richtung gesucht werden. MITSCHERLICH (10) hat festgestellt, daß die Harzfichte abholziger ist als die des Thüringer Waldes. Es wäre denkbar, daß mit größerer Abformigkeit auch gewisse Höhensenkungen eingetreten sind, so daß die Harzfichte bei Bonitierung nach der allgemeinen Ertragstafel unterbonitiert wird. Sie würde dann Grundflächen aufweisen, die an sich einer höheren Ertragsklasse zukämen. Der Zuwachs erreicht allerdings nur die Höhe des Ertragstafelzuwachses, wenn man die wirklich gemessene Höhenbonität unterstellt. Es müßte, wenn die Hypothese der Unterbonitierung zutrifft, eigentlich höher sein. Naturgemäß sind für die gleichen Zuwachsleistungen bei verschiedener Grundflächenhaltung im Harz und in Thüringen auch andere Gründe möglich. Bei Weiterführung des Gedankens könnte man übrigens folgern, daß in Thüringen eine höhere optimale Grundfläche notwendig sei als im Harz, daß also die in Thüringen tatsächlich vorhandenen Grundflächen zur maximalen Zuwachserzeugung viel zu niedrig seien, während sie im Harz bei gleicher Höhe einigermaßen genügten. Tatsächlich deutet eine entsprechende weitere Auswertung des Zahlenmaterials auch etwas Derartiges an.

Die sehr interessante Frage des Verhältnisses zwischen Grundflächenhaltung und Zuwachs in den Fichtengebieten des Harzes und Thüringens kann jedoch im Rahmen der vorliegenden Untersuchung nicht geklärt werden. Ich möchte daher von einer Wiedergabe der dahin zielenden Auswertung absehen, ebenso wie ich auch den Gedanken selbst nur mit allem Vorbehalt erwähne. Es wäre zur völligen Klärung in erster Linie notwendig, die Daten der langfristigen Fichtenversuchsflächen beider Gebiete zu bearbeiten, weil allein mit ihrer Hilfe die Verfolgung des Zuwachsganges über längere Zeit hinweg möglich ist, und weil sie im Gegensatz zu den jetzt angenommenen Probeflächen normale Bestockungsverhältnisse aufweisen. Dabei ergeben sich allerdings insofern Schwierigkeiten, als die Grundflächenhöhe der Flächen allgemein recht niedrig ist und wahrscheinlich nur selten an die Grundflächenhöhe heranreicht, die zur optimalen Zuwachsleistung notwendig wäre.

f) Zuwachstabellen nach Ertragsklasse, Alter und Grundflächenschluß

Ebenso wie bei der Kiefer sind auch für die Fichte Zusammenstellungen vorgenommen worden, die nach Ertragsklassen gegliedert für die einzelnen Alter die Massen des verbleibenden Bestandes, den Massenzuwachs und das Massenzuwachsprozent der verschiedenen Grundflächenschlußgrade unter der Voraussetzung unpfleglicher Behandlung der Fichtenbestände zum Inhalt haben. Aus der Mittelung der Summenwerte für den absoluten Zuwachs wurde dann eine Tabelle abgeleitet, die unabhängig vom Alter die Zuwachsschlüsse der verschiedenen Ertragsklassen mit sinkendem Grundflächenschluß angibt. Dabei wird von folgender Verteilung der Ertragsklassen im Gesamtfichtengebiet ausgegangen.

Flächenanteile der Fichten-Ertragsklassen

I. Ertragsklasse	0.2
II. Ertragsklasse	0.3
III. Ertragsklasse	0.3
IV. Ertragsklasse	0.2

Tabelle 18

Zuwachsschluß nach Ertragsklasse und Alter

I. Ertrags

Alter	1.0			0.9			0.8		
	M	m_z	m_z %	M	m_z	m_z %	M	m_z	m_z %
50	423			381			338		
		16.2	3.8		15.0	3.9		13.5	4.0
55	478			430			382		
		15.6	3.3		14.4	3.3		12.9	3.4
60	529			476			423		
		14.8	2.8		13.7	2.9		12.3	2.9
65	574			517			459		
		14.6	2.5		13.1	2.5		11.7	2.5
70	615			554			492		
		14.0	2.3		12.3	2.2		11.2	2.3
75	650			585			520		
		13.6	2.1		11.8	2.0		10.7	2.1
80	681			613			545		
		13.0	1.9		11.2	1.8		10.2	1.9
85	706			635			565		
		12.2	1.7		10.5	1.6		9.8	1.7
90	725			652			580		
		11.9	1.6		10.1	1.5		9.3	1.6
95	741			667			593		
		11.8	1.6		9.8	1.5		8.8	1.5
100	754			679			603		
		10.8	1.4		9.1	1.3		8.4	1.4
105	761			685			609		
		10.4	1.4		8.7	1.3		7.9	1.3
110	765			688			612		
		10.0	1.3		8.3	1.2		7.4	1.2
115	767			690			614		
		9.6	1.3		7.9	1.1		7.1	1.2
120	767			690			614		
		1.000			0.873			0.791	

bei Fichte — unpflegliche Behandlung

klasse

	0.7			0.6			0.5			0.4	
M	m_z	m_z %	M	m_z	m_z %	M	m_z	m_z %	M	m_z	m_z %
296	11.4	3.8	254	10.1	4.0	212	8.4	4.0	169	7.3	4.3
335	11.0	3.3	287	9.8	3.4	239	8.3	3.5	191	7.3	3.8
370	10.7	2.9	317	9.5	3.0	264	8.2	3.1	212	7.3	3.4
402	10.3	2.6	344	9.2	2.7	287	8.1	2.8	230	7.3	3.2
430	9.9	2.3	369	8.9	2.4	308	7.9	2.6	246	7.2	2.9
455	9.5	2.1	390	8.6	2.2	325	7.7	2.4	260	7.1	2.7
477	9.1	1.9	409	8.2	2.0	340	7.5	2.2	272	6.9	2.5
494	8.7	1.8	424	7.9	1.9	353	7.3	2.1	282	6.7	2.4
508	8.3	1.6	435	7.6	1.7	362	7.1	2.0	290	6.6	2.3
519	7.9	1.5	445	7.3	1.6	370	6.8	1.8	296	6.4	2.2
528	7.5	1.4	452	6.9	1.5	377	6.4	1.7	302	6.1	2.0
533	7.1	1.3	457	6.4	1.4	380	6.1	1.6	304	5.8	1.9
536	6.7	1.2	459	6.0	1.3	382	5.7	1.5	306	5.4	1.8
537	6.2	1.2	460	5.7	1.2	384	5.3	1.4	307	5.1	1.7
537	0.696		460	0.628		384	0.565		307	0.518	

Tabelle 18

Zuwachsschluß nach Ertragsklasse und Alter

II. Ertrags

Alter	1.0			0.9			0.8		
	M	m_z	m_z %	M	m_z	m_z %	M	m_z	m_z %
50	311			280			249		
		14.0	4.5		13.0	4.6		12.1	4.9
55	362			326			290		
		13.6	3.8		12.6	3.9		11.6	4.0
60	410			369			328		
		13.0	3.2		12.1	3.3		11.2	3.4
65	453			408			362		
		12.2	2.7		11.3	2.8		10.7	3.0
70	489			440			391		
		11.8	2.4		10.9	2.5		10.2	2.6
75	519			467			415		
		10.8	2.1		10.2	2.2		9.8	2.4
80	542			488			434		
		10.6	2.0		9.9	2.0		9.4	2.2
85	561			505			449		
		10.0	1.8		9.4	1.7		8.9	2.0
90	576			518			461		
		9.6	1.7		9.0	1.7		8.5	1.8
95	589			530			471		
		9.4	1.6		8.7	1.6		8.1	1.7
100	600			540			480		
		9.2	1.5		8.3	1.5		7.7	1.6
105	609			548			487		
		8.4	1.4		7.8	1.4		7.3	1.5
110	613			552			490		
		8.2	1.3		7.5	1.4		6.9	1.4
115	616			554			493		
		8.0	1.3		7.2	1.3		6.6	1.3
120	619			557			495		
		1.000			0.927			0.867	

bei Fichte — unpflegliche Behandlung

klasse

M	0.7 m_z	m_z %	M	0.6 m_z	m_z %	M	0.5 m_z	m_z %	M	0.4 m_z	m_z %
218			187			156			124		
	10.9	5.0		9.6	5.1		8.0	5.1		6.5	5.2
253			217			181			145		
	10.6	4.2		9.3	4.3		8.0	4.4		6.7	4.6
287			246			205			164		
	10.2	3.6		9.1	3.7		7.9	3.8		6.7	4.1
317			272			226			181		
	9.8	3.1		8.8	3.2		7.8	3.4		6.8	3.8
342			293			244			196		
	9.4	2.7		8.4	2.9		7.6	3.1		6.8	3.5
363			311			260			208		
	9.0	2.5		8.2	2.6		7.4	2.8		6.6	3.2
379			325			271			217		
	8.6	2.3		7.9	2.4		7.2	2.6		6.5	3.0
393			337			280			224		
	8.2	2.1		7.5	2.2		7.0	2.5		6.4	2.9
403			346			288			230		
	7.8	1.9		7.1	2.0		6.6	2.3		6.1	2.7
412			353			294			236		
	7.4	1.8		6.8	1.9		6.3	2.1		5.9	2.5
420			360			300			240		
	7.0	1.7		6.4	1.8		6.0	2.0		5.6	2.3
426			365			304			244		
	6.6	1.5		6.0	1.6		5.7	1.9		5.4	2.2
429			368			306			245		
	6.2	1.4		5.6	1.5		5.3	1.7		5.0	2.0
431			370			308			246		
	5.3	1.3		5.3	1.4		5.0	1.6		4.7	1.9
433			371			310			248		
	0.790			0.712			0.644			0.576	

Tabelle 18

Zuwachsschluß nach Ertragsklasse und Alter

III. Ertrags

Alter	1.0			0.9			0.8		
	M	m_z	m_z %	M	m_z	m_z %	M	m_z	m_z %
50	203			183			162		
		12.0	5.9		11.1	6.1		10.0	6.2
55	249			224			199		
		11.6	4.6		10.7	4.8		9.6	4.8
60	292			263			234		
		11.2	3.8		10.3	3.9		9.3	4.0
65	331			298			265		
		10.6	3.2		9.8	3.3		8.9	3.3
70	365			328			292		
		10.2	2.8		9.4	2.9		8.6	2.9
75	394			355			320		
		10.0	2.5		9.0	2.5		8.1	2.5
80	418			376			334		
		9.6	2.3		8.6	2.3		7.7	2.3
85	438			394			350		
		9.4	2.1		8.2	2.1		7.3	2.1
90	456			410			365		
		9.2	2.0		7.8	1.9		7.0	1.9
95	471			424			377		
		8.8	1.9		7.4	1.7		6.7	1.8
100	483			435			386		
		8.2	1.7		7.1	1.6		6.5	1.7
105	491			442			393		
		8.0	1.6		6.9	1.6		6.4	1.6
110	498			448			398		
		7.6	1.5		6.7	1.5		6.2	1.6
115	504			454			403		
		7.2	1.4		6.6	1.4		6.1	1.5
120	507			456			406		
		1.000			0.895			0.811	

bei Fichte — unpflegliche Behandlung

klasse

M	0.7 m_z	m_z %	M	0.6 m_z	m_z %	M	0.5 m_z	m_z %	M	0.4 m_z	m_z %
142	8.9	6.3	122	7.5	6.1	102	6.0	5.9	81	4.5	5.6
174	8.5	4.9	149	7.3	4.9	124	5.9	4.8	100	4.5	4.5
204	8.3	4.1	175	7.1	4.1	146	5.7	3.9	117	4.4	3.8
232	8.0	3.4	199	6.9	3.5	166	5.6	3.4	132	4.4	3.3
256	7.7	3.0	219	6.6	3.0	182	5.4	3.0	146	4.2	2.9
276	7.3	2.6	236	6.3	2.7	197	5.2	2.6	158	4.2	2.6
293	6.9	2.4	251	6.0	2.4	209	5.1	2.4	167	4.2	2.5
307	6.7	2.2	263	5.9	2.2	219	5.0	2.3	175	4.1	2.3
319	6.5	2.0	274	5.8	2.1	228	4.9	2.1	182	4.0	2.2
330	6.4	1.9	283	5.7	2.0	236	4.8	2.0	188	3.9	2.1
338	6.3	1.9	290	5.5	1.9	242	4.7	1.9	193	3.8	2.0
344	6.1	1.8	295	5.3	1.8	245	4.6	1.9	196	3.8	1.9
349	5.9	1.7	299	5.1	1.7	249	4.5	1.8	199	3.7	1.8
353	5.6	1.6	302	4.9	1.6	252	4.4	1.7	202	3.6	1.8
355	0.742		304	0.643		254	0.537		203	0.429	

Tabelle 18

Zuwachsschluß nach Ertragsklasse und Alter

IV. Ertrags

Alter	1.0			0.9			0.8		
	M	m_z	m_z %	M	m_z	m_z %	M	m_z	m_z %
50	129			116			103		
		9.2	7.1		8.1	7.0		7.3	7.1
55	167			150			134		
		9.2	5.5		8.1	5.4		7.2	5.4
60	203			183			162		
		9.0	4.4		7.9	4.3		7.1	4.4
65	234			211			187		
		8.8	3.8		7.8	3.7		7.0	3.7
70	261			235			209		
		8.6	3.3		7.7	3.3		7.0	3.3
75	284			256			227		
		8.4	3.0		7.6	3.0		6.9	3.0
80	304			274			243		
		8.2	2.7		7.5	2.7		6.9	2.8
85	321			289			257		
		8.0	2.5		7.3	2.5		6.7	2.6
90	335			302			268		
		7.8	2.3		7.0	2.3		6.4	2.4
95	348			313			278		
		7.6	2.2		6.7	2.1		6.2	2.2
100	360			324			288		
		7.0	1.9		6.4	2.0		5.9	2.0
105	368			331			294		
		6.2	1.7		5.8	1.8		5.6	1.9
110	373			336			298		
		5.6	1.5		5.4	1.6		5.2	1.7
115	375			338			300		
		4.8	1.3		4.6	1.4		4.4	1.5
120	373			336			298		
		1.000			0.903			0.828	

bei Fichte — unpflegliche Behandlung
klasse

M	0.7 m_z	m_z %	M	0.6 m_z	m_z %	M	0.5 m_z	m_z %	M	0.4 m_z	m_z %
090	6.6	7.3	077	5.6	7.3	064	4.2	6.6	052	2.9	5.6
117	6.5	5.6	100	5.4	5.4	084	4.1	4.9	067	2.8	4.2
142	6.5	4.6	122	5.4	4.4	102	4.1	4.0	081	2.8	3.5
164	6.4	3.9	140	5.3	3.8	117	4.0	3.4	094	2.7	2.9
183	6.4	3.5	157	5.3	3.4	130	4.0	3.1	104	2.7	2.6
199	6.3	3.2	170	5.2	3.1	142	3.9	2.7	114	2.6	2.3
213	6.3	3.0	182	5.2	2.8	152	3.9	2.6	122	2.6	2.1
225	6.1	2.7	193	5.0	2.6	160	3.8	2.4	128	2.5	2.0
234	5.9	2.5	201	4.9	2.4	168	3.7	2.2	134	2,4	1.8
244	5.8	2.4	209.	4.8	2.3	174	3.5	2.0	139	2.2	1.6
252	5.7	2.3	216	4.7	2.2	180	3.4	1.9	144	2.1	1.5
258	5.4	2.1	221	4.4	2.0	184	3.2	1.7	147	1.9	1.3
261	5.0	1.9	224	4.1	1.8	186	3.0	1.6	149	1.9	1.3
262	4.1	1.6	225	3.1	1.4	188	2.0	1.1	150	0.6	0.4
261	0.766		224	0.631		186	0.469		149	0.302	

Für die Berechnung der Zuwachsprozente sind der Einfachheit halber, ebenso wie bei der Kiefer und Buche, die mit dem Grundflächenschluß reduzierten Massen des Bestockungsgrades 1.0 als Bezugsbasen eingesetzt worden. Methodisch richtiger wäre eine Reduktion der Grundflächen und eine Massenberechnung unter Verwendung ebenfalls veränderter Höhen- und Formzahlen gewesen, wie sie sich bei Senkung des Grundflächenschlusses ergibt. Am Ertragstafelvergleich für mäßige und starke Durchforstung sowie für Lichtung ließ sich jedoch erkennen, daß die Unterschiede infolge der überragenden Bedeutung der Grundfläche nur sehr gering sind, so daß beide Verfahren praktisch zu den gleichen Ergebnissen führen.

Tabelle 19

Zuwachsschluß und Ertragsklasse Fichte unpfleglich

Grundflächenschluß	1.0	0.9	0.8	0.7	0.6	0.5	0.4
Zuwachsschluß Bayrische Hilfstafeln	1.00	1.00	1.00	0.95	0.80	0.65	0.50
Ertragstafel WIEDEMANN	1.000	0.95	0.92	0.84	—	—	—
Zuwachsschluß ungepfl. Bestände							
I. Ertragsklasse	1.000	0.873	0.791	0.696	0.628	0.565	0.518
II. Ertragsklasse	1.000	0.927	0.867	0.790	0.712	0.644	0.576
III. Ertragsklasse	1.000	0.895	0.811	0.742	0.643	0.537	0.429
IV. Ertragsklasse	1.000	0.903	0.828	0.766	0.631	0.469	0.302
im Durchschnitt	1.000	0.902	0.827	0.752	0.658	0.561	0.466

Die in der Schlußtabelle enthaltenen Endzahlen sind also mit den Ertragsklassenflächenanteilen gewogene mittlere Zuwachsschlußgrade der Grundflächenschlüsse von 0.4–0.9. Die Endtabelle läßt erkennen, daß die Tendenz, die sich bei der Kiefer zeigte, bei der Fichte nicht im gleichen Maße sichtbar ist. Der Zuwachsschluß der I. Ertragsklasse liegt zwar erheblich unter dem Zuwachsschluß der II. Ertragsklasse, teilweise auch unter dem Zuwachsschluß der III. Ertragsklasse bei gleichem Grundflächenschluß. Insofern findet also die bei der Kiefer getroffene Feststellung, daß bei stärkerer Auflockerung die bessere Ertragsklasse in höherem Maße geschädigt wird und damit einen geringeren Zuwachsschluß aufweist als die geringere Ertragsklasse, eine gewisse Bestätigung.

Da der Auswertung der I. Ertragsklasse immerhin die Daten von 32 Probeflächen zugrunde liegen, möchte ich annehmen, daß in der geschilderten Zuwachsentwicklung keine zufälligen Wirkungen maßgebend sind, sondern daß es sich um ein gültiges Verhalten handelt. Bei der II., III. und IV. Ertragsklasse sind ähnliche Entwicklungskurven allerdings nicht vorhanden. Selbst wenn man die aus den nur 23 Probeflächen der IV. Ertragsklasse gewonnenen Unterlagen, vor allen Dingen für die geringeren Grundflächenschlüsse, als zahlenmäßig nicht ausreichend ablehnt, bleibt doch die Tatsache nicht zu übersehen, daß bei der II. Ertragsklasse der Zuwachsschluß gegenüber der III. Ertragsklasse um etwa ½ fm, gegenüber der IV. Ertragsklasse um annähernd 1 fm überlegen ist. Die Unterschiede zwischen der III. und IV. Ertragsklasse betragen bis zum Grundflächenschluß von 0.5 herunter nur etwa ¼ fm, sind also praktisch bedeutungslos. Insgesamt läßt sich aus der Kurvenentwicklung des laufenden Massenzuwachses, wie sie aus dem Verhältnis Grundflächenschluß und Zuwachs gewonnen wird, nicht mit der gleichen Eindeutigkeit wie bei der Kiefer eine ungünstigere Wirkung stärkerer unpfleglicher Eingriffe auf besseren Ertragsklassen folgern.

Von der Aufstellung getrennter Tabellen für die beiden ausgeschiedenen Waldgebiete Thüringer Wald/Erzgebirge und Harz konnte abgesehen werden.

Tabelle 20

Flächenverzeichnis Buche, Waldgebiet Nordbrandenburg-Mecklenburg

Lfd. Nr.	Ertragsklasse		Alter	Grundflächenschl.		lfd. jährl. Zuw. %		absol. lfd. jährl. Zuwachs			Masse verbl. Bestand/ha	
	Fläche	abger.		Fläche	Ekl. Durchschnitt	Tafelwerte	wirkl. Wert d. Fläche	Tafelwerte	wirkl. Wert d. Fläche	n. Schluß red. Tafelw.	auf Grundfl.-schl. red. Tafelwerte	wirkl. Derbholzmasse/ha
1	2	3	4	5	6	7	8	9	10	11	12	13
1	I,1	I	65	0,48	0,71	3,9	2,20	11,9	3,80	5,7	162,38	172,92
2	0,6	I	95	0,87		2,1	2,16	11,2	10,90	9,7	460,58	504,49
3	I,2	I	95	0,60		2,2	1,81	10,5	5,65	6,3	288,48	310,65
4	0,7	I	95	0,71		2,1	2,00	11,1	7,75	7,8	370,12	387,60
5	0,4	I	95	0,84		2,1	1,80	11,4	8,81	9,6	458,30	489,69
6	0,3	I	95	0,89		2,1	1,50	11,5	8,03	10,3	492,79	535,37
7	I,3	I	105	0,70		2,0	1,96	10,0	7,30	7,0	355,46	372,55
8	0,6	I	110	0,78		1,9	1,60	10,7	7,83	8,4	455,52	489,57
9	0,5	I	110	0,89		1,8	1,52	10,8	8,88	9,7	527,32	584,20
10	I,2	I	110	0,57		1,9	1,74	10,1	5,58	5,7	303,81	320,79
11	0,8	I	110	0,59		1,9	1,74	10,5	6,16	6,2	334,53	354,22
12	I,4	I	110	0,70		1,9	2,18	9,9	7,99	6,9	361,20	366,36
13	I,2	I	110	0,58		1,9	1,92	10,1	6,29	5,8	309,14	327,75
14	I,2	I	110	0,72		1,9	1,88	10,1	7,48	7,3	383,76	397,87
15	I,4	I	110	0,92		1,9	1,54	9,9	7,61	9,1	474,72	494,06
16	I,4	I	110	0,73		1,9	1,50	9,9	5,90	7,2	376,68	393,27
17	I,3	I	115	0,64		1,9	1,48	10,0	5,36	6,4	345,73	361,97
18	I,1	I	115	0,63		1,9	2,16	10,2	7,98	6,4	351,16	369,58
19	I,2	I	115	0,65		1,9	2,00	10,1	7,40	6,6	356,72	371,13
20	I,2	I	115	0,62		1,9	1.96	10,1	7,11	6,2	340,26	363,00
21	I,0	I	115	0,69		1,9	2,12	10,3	8,64	7,1	390,54	407,32
22	I,2	I	115	0,68		1,9	2,20	10,1	8,58	6,8	373,18	390,02
23	I,1	I	115	0,70		1,9	2,12	10,2	8,77	7,1	390,18	413,82

24	I,3	I	115	0,75		1,9	1,92	10,0	8,18	7,5	405,15	426,09
25	I,1	I	115	0,65		1,9	1,96	10,2	7,32	6,6	362,31	373,29
26	I,2	I	120	0,66		1,8	1,44	10,0	5,58	6,6	372,77	387,90
27	0,8	I	120	0,73		1,8	1,24	10,6	5,81	7,7	437,42	468,56
28	I,4	I	120	0,74		1,8	1,50	9,8	6,18	7,2	405,22	412,27
29	0,8	I	125	0,76		1,8	1,46	10,4	7,20	7,9	466,79	493,12
30	0,8	I	125	0,44		1,8	1,48	10,4	4,22	4,6	270,25	285,03
31	I,3	I	125	0,78		1,8	1,82	9,8	8,51	7,7	445,54	467,47
32	I,2	I	125	0,65		1,8	1,80	10,0	6,99	6,5	376,87	388,10
33	1,1	I	125	0,62		1,8	2,04	10,1	3,78	6,2	364,81	185,44
34	I,0	I	125	0,78		1,8	10,04	10,2	10,09	8,0	465,66	494,42
35	I,3	I	125	0,74		1,8	2,20	9,8	9,66	7,3	422,69	439,17
36	0,6	I	125	0,68		1,8	1,68	10,7	7,71	7,3	429,35	459,10
37	I,3	I	130	0,74		1,7	1,84	9,6	8,16	7,1	433,05	443,49
38	I,3	I	135	0,91		1,6	1,56	9,6	8,98	8,7	544,73	575,57
39	II,4	II	85	0,62	0,71	2,8	2,22	8,9	4,75	5,5	212,54	214,02
40	I,8	II	85	0,71		2,7	1,90	10,0	5,52	7,1	278,32	290,29
41	I,9	II	85	0,72		2,7	2,80	9,8	7,86	7,1	276,48	280,58
42	I,9	II	85	0,62		2,7	1,94	9,8	4,72	6,1	238,08	243,32
43	I,7	II	95	0,84		2,7	2,92	9,9	5,14	8,3	369,85	381,44
44	I,5	II	95	0,67		2,6	2,52	10,1	8,04	6,8	305,86	318,86
45	I,7	II	95	0,62		2,7	2,20	9,9	6,19	6,1	272,99	281,16
46	II,1	II	95	0,55		2,4	3,20	9,3	7,63	5,1	224,02	238,46
47	II,3	II	95	0,58		2,4	2,20	8,8	5,15	5,1	226,14	233,95
48	I,5	II	105	0,80		2,0	1,80	9,8	7,48	7,8	392,80	415,34
49	II,3	II	105	0,72		2,1	1,58	8,5	4,93	6,2	304,27	312,16
50	I,6	II	110	0,77		2,0	1,56	9,6	6,24	7,4	384,23	399,89
51	II,1	II	110	0,86		2,0	1,58	9,0	6,37	7,7	392,16	402,99
52	II,0	II	110	0,71		2,0	2,28	8,7	7,74	6,2	317,37	339,60
53	I,5	II	110	0,60		2,0	2,48	9,8	7,93	5,8	304,50	319,62
54	I,7	II	110	0,85		2,0	2,14	9,5	9,30	8,1	416,92	434,74
55	I,9	II	110	0,72		2,0	1,24	9,3	4,38	6,7	340,92	355,81

Tabelle 20

Flächenverzeichnis Buche, Waldgebiet Nordbrandenburg-Mecklenburg

Lfd. Nr.	Ertragsklasse		Alter	Grundflächenschl.		lfd. jährl. Zuw. %		absol. lfd. jährl. Zuwachs			Masse verbl. Bestand/ha	
	Fläche	abger.		Fläche	Ekl. Durchschnitt	Tafelwerte	wirkl. Wert d. Fläche	Tafelwerte	wirkl. Wert d. Fläche	n. Schluß red. Tafelw.	auf Grundfl.-schl. red. Tafelwerte	wirkl. Derbholzmasse/ha
1	2	3	4	5	6	7	8	9	10	11	12	13
56	II,0	II	110	0,85		2,0	2,34	9,2	9,66	7,8	395,25	413,00
57	I,5	II	115	0,53		1,9	1,92	9,6	5,63	5,1	277,19	299,07
58	I,5	II	115	0,74		1,9	1,80	9,6	7,40	7,1	387,02	411,08
59	I,5	II	115	0,77		1,9	2,06	9,6	8,18	7,4	402,71	427,04
60	I,6	II	115	0,65		1,9	1,90	9,5	6,61	6,2	334,36	348,12
61	I,9	II	115	0,82		1,9	1,74	9,1	7,36	7,5	400,65	422,72
62	II,4	II	115	0,70		1,9	2,10	8,1	6,88	5,7	310,24	327,86
63	I,8	II	115	0,58		1,9	1,88	9,3	5,60	5,4	288,38	298,10
64	II,3	II	115	0,65		1,9	2,24	8,3	6,71	5,4	294,06	299,44
65	II,2	II	115	0,59		1,9	2,44	8,5	6,82	5,0	272,34	279,62
66	II,3	II	120	0,60		1,9	2,44	8,3	7,07	5,0	280,32	289,60
67	I,7	II	120	0,89		1,9	1,56	9,4	7,33	8,4	464,40	469,75
68	II,3	II	120	0,67		1,9	1,44	8,3	4,65	5,6	313,02	323,09
69	II,2	II	120	0,69		1,9	1,60	8,5	5,26	5,9	320,99	328,87
70	II,4	II	120	0,74		1,9	1,54	8,1	5,55	6,0	338,62	360,13
71	II,2	II	125	0,87		1,8	1,90	8,5	8,52	7,4	427,34	448,17
72	II,1	II	125	0,77		1,8	1,90	8,8	7,58	6,8	385,85	398,73
73	II,2	II	125	0,95		1,8	1,48	8,5	6,90	8,1	466,64	466,30
74	II,3	II	125	0,75		1,8	2,84	8,3	10,51	6,2	360,98	370,00
75	I,7	II	125	0,66		1,8	1,88	9,4	6,96	6,2	354,29	370,04
76	I,7	II	125	0,55		1,8	2,08	9,4	6,32	5,2	295,24	303,90
77	I,7	II	125	0,88		1,8	1,70	9,4	8,44	8,2	472,38	496,38
78	I,8	II	124	0,94		1,8	1,24	9,2	6,30	8,7	496,51	507,92

79	I,8	II	125	0,63		1,8	1,76	9,2	6,12	5,8	332,77	347,63
80	I,6	II	125	0,64		1,8	1,96	9,5	7,10	6,1	349,06	362,31
81	I,5	II	125	0,42		1,8	2,16	9,6	5,29	4,0	232,68	244,79
82	I,5	II	125	0,63		1,8	1,92	9,6	7,65	6,0	349,02	398,60
83	I,5	II	125	0,72		1,8	1,64	9,6	6,87	6,9	398,88	418,76
84	I,9	II	125	0,86		1,8	1,52	9,1	7,06	7,8	446,86	464,41
85	I,6	II	130	0,76		1,7	1,70	9,3	7,59	7,0	425,14	446,26
86	II,0	II	135	0,87		1,6	1,30	8,6	6,25	7,5	467,19	481,16
87	II,3	II	135	0,96		1,6	1,66	7,9	8,29	7,6	485,86	498,61
88	II,1	II	135	0,74		1,6	2,00	8,4	7,98	6,2	389,76	399,24
89	I,8	II	135	0,75		1,6	1,12	8,9	4,77	6,7	415,95	427,02
90	I,8	II	135	0,82		1,6	1,40	8,9	6,48	7,3	454,77	462,82
91	I,7	II	135	0,74		1,6	1,52	9,0	6,55	6,7	416,92	430,85
92	II,0	II	135	0,76		1,6	1,56	8,6	6,67	6,5	408,12	427,42
93	II,1	II	135	0,74		1,6	1,76	8,4	7,11	6,2	405,00	404,24
94	I,7	II	135	0,52		1,6	1,86	9,0	5,60	4,7	292,97	301,12
95	I,5	II	135	0,83		1,6	1,88	9,3	9,40	7,7	482,23	499,72
96	I,9	II	135	0,57		1,6	1,80	8,7	5,88	5,0	311,11	326,63
97	I,9	II	135	0,61		1,6	1,86	8,7	6,50	5,3	332,94	349,68
98	I,6	II	140	0,68		1,6	1,82	9,2	7,49	6,3	397,53	411,48
99	II,4	II	140	0,76		1,5	1,50	7,6	6,38	5,8	385,02	425,04
100	II,4	II	140	0,60		1,5	1,58	7,6	5,23	4,6	303,96	331,08
101	II,2	II	140	0,62		1,6	1,60	8,1	5,58	5,0	327,24	348,69
102	II,2	II	140	0,72		1,6	1,78	8,1	7,17	5,8	380,02	402,67
103	I,9	II	140	0,63		1,6	1,62	8,7	5,95	5,5	351,48	367,10
104	II,2	II	140	0,74		1,6	1,66	8,1	6,89	6,0	390,57	415,19
105	II,8	III	85	0,66	0,68	2,9	3,22	8,2	6,76	5,4	204,34	209,80
106	II,7	III	85	0,71		2,8	3,16	8,4	7,38	5,9	225,71	233,51
107	II,7	III	85	0,57		2,8	3,24	8,4	6,02	4,8	181,20	185,75
108	II,9	III	85	0,59		2,9	3,12	8,0	5,73	4,7	177,77	183,70
109	II,6	III	85	0,57		2,8	2,84	8,6	5,46	4,9	185,93	192,37
110	II,8	III	85	0,51		2,9	2,36	8,2	3,75	4,2	157,90	159,01

Tabelle 20

Flächenverzeichnis Buche, Waldgebiet Nordbrandenburg-Mecklenburg

Lfd. Nr.	Ertragsklasse		Alter	Grundflächenschl.		lfd. jährl. Zuw. %		absol. lfd. jährl. Zuwachs			Masse verbl. Bestand/ha	
	Fläche	abger.		Fläche	Ekl. Durchschnitt	Tafelwerte	wirkl. Wert d. Fläche	Tafelwerte	wirkl. Wert d. Fläche	n. Schluß red. Tafelw.	auf Grundfl.-schl. red. Tafelwerte	wirkl. Derbholzmasse/ha
1	2	3	4	5	6	7	8	9	10	11	12	13
111	II,7	III	85	0,59		2,8	2,08	8,4	3,98	4,9	187,56	191,16
112	II,5	III	85	0,55		2,8	2,34	8,8	4,48	4,8	183,98	191,31
113	II,9	III	85	0,50		2,90	2,10	8,0	3,28	4,0	150,65	156,22
114	II,7	III	85	0,65		2,8	2,36	8,4	5,16	5,4	206,64	218,42
115	II,8	III	85	0,81		2,9	2,28	8,2	5,91	6,6	250,78	259,34
116	II,7	III	85	0,73		2,8	2,26	8,4	5,45	6,1	232,07	440,95
117	III,1	III	85	0,70		2,9	2,28	7,7	4,66	5,4	199,64	204,45
118	II,7	III	85	0,65		2,8	2,58	8,4	5,50	5,4	206,64	213,22
119	II,8	III	90	0,47		2,6	2,00	7,9	3,27	3,7	154,54	163,34
120	III,0	III	90	0,47		2,6	2,24	7,5	3,38	3,5	146,64	150,76
121	II,7	III	90	0,68		2,6	1,80	8,1	4,19	5,5	229,30	232,68
122	III,4	III	90	0,64		2,7	2,66	7,0	4,82	4,5	178,43	181,08
123	II,8	III	90	0,64		2,6	2,46	7,9	5,24	5,1	210,43	213,20
124	III,1	III	90	0,68		2,6	2,46	7,4	5,20	5,0	206,52	211,35
125	III,3	III	90	0,72		2,7	2,66	7,1	5,61	5,1	206,71	210,75
126	II,8	III	95	0,73		2,3	2,06	7,7	5,26	5,6	252,87	255,11
127	III,2	III	95	0,65		2,4	2,38	7,0	5,04	4,6	202,67	211,58
128	III,1	III	95	0,58		2,3	2,44	7,1	4,75	4,1	185,83	194,74
129	III,2	III	105	0,56		2,0	2,32	6,7	4,57	3,8	191,63	197,11
130	III,0	III	105	0,65		2,0	2,04	7,0	4,96	4,6	234,65	242,96
131	II,5	III	115	0,56		1,8	2,88	7,8	7,27	4,4	243,04	252,31
132	II,6	III	115	0,67		1,8	2,56	7,6	7,46	5,1	284,62	291,28
133	III,4	III	120	0,76		1,8	1,80	6,0	5,00	4,6	273,30	277,95

134	II,7	III	125	0,92		1,7	1,90	7,4	7,91	6,8	406,36	416,45
135	III,4	III	135	0,80		1,5	1,32	5,6	4,36	4,5	311,68	330,34
136	II,7	III	135	0,66		1,5	1,34	7,1	4,23	4,7	306,83	315,76
137	III,4	III	135	0,75		1,5	1,72	5,6	4,91	4,2	292,20	285,62
138	II,8	III	135	0,76		1,5	1,82	6,8	6,47	5,2	345,50	355,74
139	II,8	III	135	0,79		1,5	1,62	6,8	5,90	5,4	359,13	364,11
140	II,8	III	135	0,88		1,5	1,82	6,8	7,62	6,0	400,05	418,66
141	II,6	III	135	0,86		1,5	1,72	7,3	7,42	6,3	408,67	431,61
142	III,2	III	135	0,68		1,5	1,98	6,0	5,53	4,1	280,02	279,48
143	II,9	III	140	0,78		1,4	1,52	6,4	5,54	5,0	353,81	364,30
144	II,7	III	140	0,83		1,5	1,34	6,9	5,40	5,7	394,08	402,68
145	II,6	III	140	0,78		1,5	1,54	7,2	5,97	5,6	378,61	386,39
146	III,0	III	140	0,92		1,4	1,52	6,2	6,40	5,7	407,56	420,85
147	III,8	IV	120	0,76	0,64	1,7	2,12	5,3	4,20	4,1	242,59	245,28
148	III,6	IV	120	0,67		1,7	1,60	5,7	1,13	3,8	227,40	232,06
149	III,5	IV	120	0,58		1,8	1,96	5,8	4,13	3,4	202,71	210,88
150	III,7	IV	135	0,63		1,4	1,88	5,0	4,28	3,2	224,47	227,46
151	III,7	IV	135	0,54		1,4	1,86	5,0	3,62	2,7	192,40	194,45

Tabelle 20

Flächenverzeichnis Buche, Waldgebiet Thüringen-Harz

Lfd. Nr.	Ertragsklasse		Alter	Grundflächenschl.		lfd. jährl. Zuw. %		absol. lfd. jährl. Zuwachs			Masse verbl. Bestand/ha	
	Fläche	abger.		Fläche	Ekl. Durchschnitt	Tafelwerte	wirkl. Wert d. Fläche	Tafelwerte	wirkl. Wert d. Fläche	n. Schluß red. Tafelw.	auf Grundfl.-schl. red. Tafelwerte	wirkl. Derbholzmasse/ha
1	2	3	4	5	6	7	8	9	10	11	12	13
1	0,8	I	55	0,80	0,80	5,1	2,80	12,2	7,60	9,8	225,92	271,38
2	0,3	I	65	0,82		3,6	3,00	13,4	10,64	11,0	327,92	354,55
3	I,0	I	65	0,82		3,9	2,58	12,1	8,29	9,9	283,72	321,41
4	I,1	I	65	0,81		3,9	2,06	11,9	6,12	9,6	274,02	296,85
5	0,9	I	65	0,77		3,9	3,16	12,3	9,62	9,5	272,35	304,39
6	0,7	I	65	0,75		3,8	2,22	12,7	6,89	9,5	276,82	310,57
7	0,9	I	65	0,73		3,9	2,58	12,3	7,22	9,0	258,20	280,00
8	I,0	I	65	0,73		3,9	2,12	12,1	6,05	8,8	252,58	285,42
9	I,0	I	65	0,71		3,9	2,56	12,1	6,95	8,6	245,66	271,36
10	0,8	I	65	0,64		3,8	2,22	12,5	5,56	8,0	231,30	250,30
11	0,9	I	70	0,72		3,4	2,80	12,1	9,39	8,7	279,43	335,25
12	0,9	I	80	0,96		2,8	2,00	11,6	8,87	11,1	423,26	443,73
13	I,3	I	80	0,90		2,9	1,94	11,0	7,20	9,9	368,37	371,02
14	I,2	I	80	0,81		2,8	1,78	11,1	6,48	9,0	337,93	363,82
15	0.8	I	95	0,97		2,2	2,44	10,9	12,65	10,6	497,80	318,26
16	I,1	I	95	0,92		2,2	2,68	10,6	12,73	9,7	449,79	475,11
17	I,1	I	95	0,72		2,2	2,46	10,6	8,98	7,6	352,01	365,04
18	0,8	I	100	0,81		2,1	2,16	10,9	9,89	8,8	431,41	457,70
19	0,7	I	100	0,79		2,1	1,74	11,0	7,95	8,7	427,31	457,00
20	I,0	I	105	0,96		2,0	2,24	10,4	7,52	10,0	511,68	514,42
21	I,0	I	105	0,90		2,0	1,32	10,4	6,77	9,4	479,70	513,12
22	I,1	I	105	0,87		2,0	1,48	10,3	6,79	8,9	456,40	458,53
23	I,2	I	105	0,87		2,0	1,42	10,2	6,69	8,8	449,09	470,93
24	I,4	I	105	0,75		2,0	1,60	9,9	6,47	7,4	374,55	404,54
25	I.2	I	105	0,75		2,0	1,65	10,2	7,24	7,6	387,15	409,63

26	I,0	I	110	0,96		1,9	1,78	10,3	10,09	9,9	528,00	367,09
27	I,3	I	110	0,94		1,9	1,98	10,0	10,17	9,4	493,03	513,81
28	I,4	I	110	0,82		1,9	2,22	9,9	9,43	8,1	423,12	442,96
29	I,1	I	110	0,79		1,9	2,10	10,2	9,33	8,0	427,78	444,24
30	I,0	I	110	0,78		1,9	2,00	10,3	9,38	8,0	429,00	469,22
31	I,0	I	110	0,68		1,9	2,00	10,3	8,05	7,0	374,00	402,55
32	I,3	I	115	0,78		1,9	2,00	9,9	9,46	7,7	421,36	473,09
33	0,9	I	120	0,74		1,8	1,52	10,4	6,86	7,7	437,04	451,22
34	I,3	I	135	0,66		1,6	1,66	9,6	6,76	6,3	395,08	407,25
35	I,1	I	135	0,62		1,6	1,64	9,9	6,45	6,1	382,04	393,24
36	II,1	II	75	0,78	0,73	3,4	2,42	9,9	6,33	7,7	248,98	261,55
37	II,0	II	80	0,88		3,0	2,56	9,9	8,26	8,7	311,52	322,66
38	II,2	II	85	0,83		2,7	2,00	9,3	6,13	7,7	298,30	306,71
39	II,3	II	95	0,87		2,4	2,48	8,8	8,60	7,7	339,21	346,83
40	I,6	II	95	0,82		2,3	2,14	10,0	8,08	8,2	367,69	377,80
41	I,9	II	100	0,75		2,2	2,00	9,4	6,79	7,1	330,98	339,58
42	I,7	II	100	0,72		2,2	1,84	9,7	6,24	7,0	329,69	338,94
43	I,9	II	100	0,69		2,2	2,56	9,4	8,10	6,5	304,50	317,82
44	II,0	II	100	0,69		2,2	1,72	9,3	5,32	6,4	298,77	309,31
45	II,0	II	105	0,89		2,1	2,24	9,2	9,21	8,2	399,61	410,96
46	I,7	II	110	0,98		2,0	1,84	9,5	9,11	9,3	480,69	495,22
47	I,7	II	110	0,96		2,0	1,96	9,5	9,48	9,2	470,88	483,87
48	I,8	II	110	0,84		2,0	2,24	9,4	9,35	7,9	404,88	417,38
49	II,2	II	110	0,66		2,0	2,00	8,7	6,04	5,8	295,02	302,06
50	II,2	II	115	0,66		1,9	2,22	8,5	7,25	5,6	304,66	326,55
51	I,5	II	115	0,59		1,9	1,98	9,6	6,44	5,7	308,54	325,34
52	II,2	II	115	0,56		1,9	2,90	8,5	7,38	4,8	258,50	254,65
53	II,3	II	120	0,89		1,9	1,92	8,3	8,29	7,4	415,81	431,93
54	II,1	II	120	0,86		1,9	1,86	8,8	7,97	7,5	418,30	428,64
55	II,2	II	120	0,79		1,9	1,70	8,5	6,58	6,8	376,67	387,21
56	II,4	II	120	0,77		1,9	1,54	8,1	5,54	6,2	352,35	359,83
57	II,0	II	130	0,71		1,7	1,98	8,8	7,54	6,2	372,75	380,91
58	II,3	II	130	0,65		1,7	1,50	8,1	5,00	5,3	321,56	333,69
59	II,3	II	140	0,72		1,5	1,68	7,9	6,51	5,7	372,38	387,37
60	I,5	II	140	0,82		1,6	1,36	9,3	7,15	7,6	486,67	525,81

Tabelle 20

Flächenverzeichnis Buche, Waldgebiet Thüringen-Harz

Lfd. Nr.	Ertragsklasse		Alter	Grundflächenschl.		lfd. jährl. Zuw. %		absol. lfd. jährl. Zuwachs			Masse verbl. Bestand/ha	
	Fläche	abger.		Fläche	Ekl. Durchschnitt	Tafelwerte	wirkl. Wert d. Fläche	Tafelwerte	wirkl. Wert d. Fläche	n. Schluß red. Tafelw.	auf Grundfl.-schl. red. Tafelwerte	wirkl. Derbholzmasse/ha
1	2	3	4	5	6	7	8	9	10	11	12	13
61	II,0	II	140	0,72		1,6	1,26	8,6	5,17	6,2	395,28	410,12
62	I,9	II	140	0,65		1,6	1,92	8,7	7,27	5,7	362,64	378,58
63	I,8	II	140	0,56		1,6	1,18	8,9	3,89	5,0	317,41	329,75
64	II,3	II	140	0,60		1,5	1,42	7,9	4,46	4,7	310,32	314,28
65	I,9	II	100	0,64		2,2	2,06	9,4	5,90	6,0	282,43	286,44
66	II,2	II	140	0,58		1,6	2,26	8,1	6,94	4,7	306,12	307,04
67	I,7	II	140	0,51		1,6	1,42	9,0	4,30	4,6	293,61	302,74
68	II,2	II	140	0,51		1,6	1,48	8,1	4,03	4,1	269,18	272,17
69	III,0	III	85	0,80	0,74	2,9	2,20	7,8	5,56	6,2	234,40	252,66
70	II,8	III	85	0,77		2,9	2,64	8,2	6,62	6,3	238,39	250,59
71	II,5	III	95	0,99		2,4	2,36	8,4	8,98	8,3	368,78	380,45
72	III,4	III	95	0,79		2,5	2,56	6,8	5,92	5,4	232,73	231,15
73	III,2	III	95	0,72		2,4	2,44	7,0	5,27	5,0	224,50	215,82
74	III,0	III	95	0,55		2,3	2,16	7,2	4,03	4,0	180,95	186,64
75	III,1	III	95	0,51		2,3	2,58	7,1	4,44	3,6	163,40	172,24
76	II,8	III	95	0,45		2,3	2,56	7,7	4,16	3,4	155,88	162,63
77	II,8	III	105	0,99		2,0	2,66	7,4	10,29	7,4	374,81	386,76
78	II,9	III	110	0,99		1,9	2,10	7,0	8,34	7,0	380,16	397,14
79	II,8	III	110	0,97		1,9	2,24	7,3	8,93	7,1	381,21	398,52
80	II,5	III	110	0,77		2,0	1,90	8,0	6,48	6,2	323,40	341,15
81	II,7	III	120	0,91		1,8	1,70	7,4	6,88	6,7	390,21	404,83
82	II,6	III	120	0,90		1,8	2,40	7,6	9,65	6,9	394,56	402,00
83	II,9	III	120	0,87		1,8	2,16	6,9	7,94	6,0	356,35	367,60
84	III,4	III	120	0,52		1,8	2,38	6,0	4,63	3,1	186,99	184,40
85	III,4	III	125	0,80		1,7	1,90	5,9	5,78	4,8	296,32	304,34

86	III,3	III	125	0,75		1,7	1,70	6,1	4,86	4,6	285,60	285,89
87	II,9	III	125	0,74		1,7	1,62	6,9	5,09	5,1	312,21	314,31
88	III,2	III	125	0,73		1,7	1,64	6,3	4,66	4,6	285,58	283,90
89	III,1	III	125	0,71		1,7	1,94	6,5	5,57	4,6	285,14	287,26
90	III,0	III	125	0,64		1,7	2,38	6,7	6,43	4,3	263,68	270,11
91	II,8	III	125	0,56		1,7	2,06	7,2	5,14	4,0	241,81	249,29
92	III,1	III	130	0,81		1,6	1,60	6,4	5,50	5,2	334,69	334,50
93	II,7	III	130	0,71		1,6	1,54	7,3	6,06	5,2	322,55	328,53
94	II,8	III	140	0,64		1,4	1,98	6,7	6,00	4,3	297,09	303,22
95	II,8	III	140	0,60		1,4	1,78	6,7	5,12	4,0	278,52	287,45
96	III,0	III	140	0,71		1,4	1,72	6,2	5,45	4,4	314,53	316,60
97	III,4	III	140	0,51		1,4	2,40	5,4	4,77	2,8	203,08	198,91
98	III,9	IV	90	0,84	0,77	2,9	3,34	6,3	6,80	5,3	199,33	203,56
99	III,5	IV	115	0,91		1,8	1,96	6,0	6,02	5,4	308,04	306,96
100	III,5	IV	120	0,74		1,8	1,90	5,8	4,92	4,3	258,63	259,19
101	IV,2	IV	120	0,65		1,7	2,28	4,8	4,12	3,1	182,00	180,88
102	III,6	IV	125	0,85		1,6	2,06	5,6	5,98	4,7	297,16	290,54
103	III,7	IV	125	0,83		1,6	1,84	5,4	5,28	4,5	281,54	287,05
104	IV,4	IV	140	0,76		1,4	1,50	3,8	3,26	2,9	221,77	217,35
105	III,7	IV	140	0,55		1,3	2,12	4,8	4,28	2,6	200,53	201,99
106	IV,8	V	90	0,61		3,3	3,64	4,9	3,76	3,0	99,67	103,31
107	IV,7	V	140	0,82		1,4	1,66	3,6	3,58	3,0	215,17	215,43

3. Die Buche

a) Verteilung der Flächen

Ein unterschiedlicher Zuwachsgang für verschiedene Waldgebiete ist bisher in keiner Untersuchung zutage getreten. MITSCHERLICH (10) sagt dazu: „Eine grundsätzlich getrennte ertragskundliche Betrachtung der Buchenbestände der einzelnen Gebiete und ebenso die Einführung grundsätzlich verschiedener Durchforstungsgrade in den einzelnen Wuchsgebieten ist also nach dem Ergebnis der preußischen langfristigen Versuchsflächen nicht erforderlich." In ähnlicher Weise hebt MITSCHERLICH hervor, daß mit Ausnahme von Schleswig/Holstein, für das er eine Unterbonitierung als Folge des Seewindeinflusses annimmt, keine Unterschiede im Zuwachs der einzelnen Wuchsgebiete bei der Buche zu erwarten seien. Ich habe gleichwohl aus grundsätzlichen Erwägungen die Aufnahmen auf zwei räumlich getrennten Gebieten durchgeführt, einmal im Grund- und Endmoränegebiet Nordbrandenburg/Mecklenburg und ferner im nordthüringischen Buchengebiet.

Es wurden aufgenommen:

1. In Nordbrandenburg/Mecklenburg	151	Flächen
2. In Thüringen/Harz	107	Flächen
insgesamt	258	Flächen

Es wurden folgende Ertragsklassenanteile im Gesamtbuchengebiet angenommen:

Flächenanteile der Buchenertragsklassen

I. Ertragsklasse	0,2
II. Ertragsklasse	0,4
III. Ertragsklasse	0,3
IV. Ertragsklasse	0,1

Durchschnittlicher Grundflächenschluß der Probeflächen

	I	II	III	IV
Nordbrandenburg-Mecklenburg	0,71	0,71	0,68	0,64
Thüringen-Harz	0,80	0,73	0,74	0,77

Durchschnittliche Ertragsklassen der Probeflächen

	I	II	III	IV
Nordbrandenburg-Mecklenburg	I,05	I,92	II,88	III,66
Thüringen-Harz	I,02	II,00	II,97	III,81

Die Aufnahmetechnik und die Bearbeitung des anfallenden Materials unterschied sich nicht von der Bearbeitung der Kiefer und der Fichte. Eine besondere Bearbeitung der Struktur unpfleglich aufgelichteter Bestände, wie sie für Kiefer und Fichte vorgenommen wurde, ließ sich für die Buche nicht durchführen. Die Variation der Stammzahl und Massenfrequenz ist so groß, daß bestimmte Typen nicht festgelegt werden konnten.

b) Das Zuwachsprozent an Derbholzmasse

Die Auftragung des Zuwachsprozentes in graphischen Darstellungen (Abb. 68–71) zeigt auch bei der Buche am besten die allgemeine Tendenz der Zuwachsveränderung bei unpfleglicher Auflockerung. In der I. Ertragsklasse liegen bei den jüngeren Altern bis zu etwa 80 Jahren die Zuwachsprozentzahlen deutlich unterhalb der Ertragstafelwerte. In den höheren Altersstufen erfolgt zwar eine stärkere Angleichung an die Ertragstafelkurve, jedoch ist die Neigung zu einem Zurückbleiben gegenüber der Ertragstafel auch dort erkennbar.

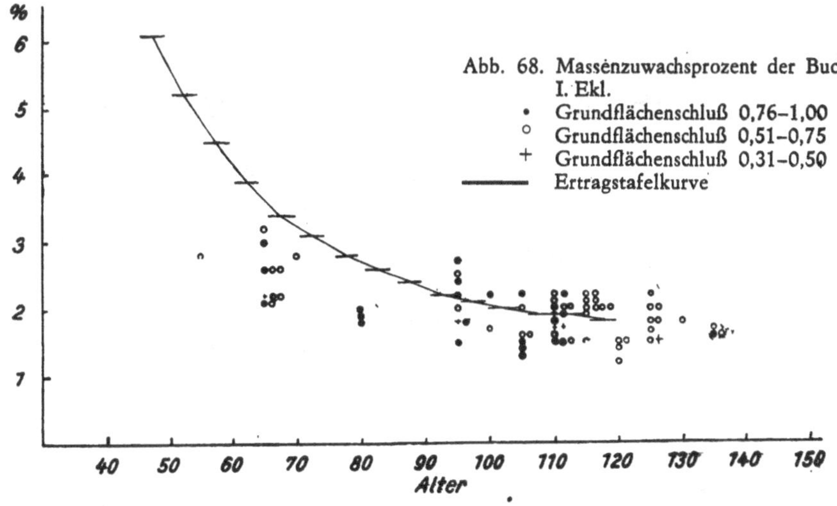

Abb. 68. Massenzuwachsprozent der Buche I. Ekl.
• Grundflächenschluß 0,76–1,00
○ Grundflächenschluß 0,51–0,75
+ Grundflächenschluß 0,31–0,50
—— Ertragstafelkurve

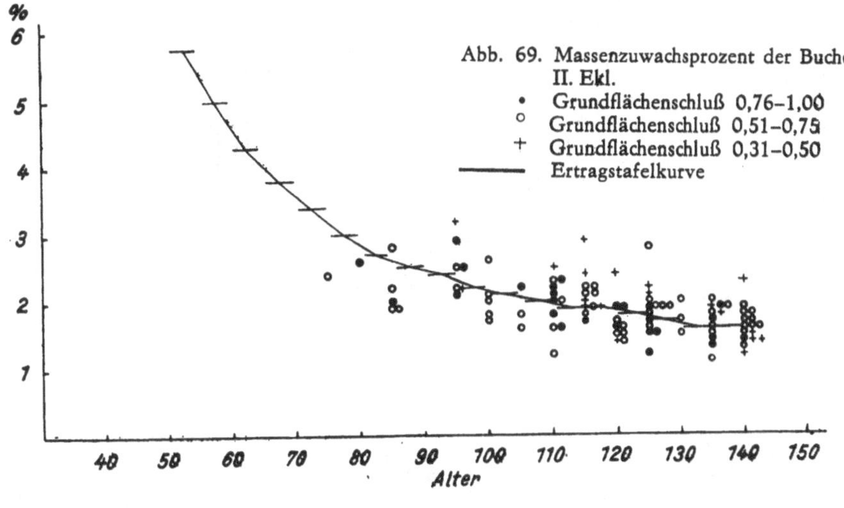

Abb. 69. Massenzuwachsprozent der Buche II. Ekl.
• Grundflächenschluß 0,76–1,00
○ Grundflächenschluß 0,51–0,75
+ Grundflächenschluß 0,31–0,50
—— Ertragstafelkurve

In der Darstellung des Zuwachsprozentes der II. Ertragsklasse ergeben sich keine Unterschiede gegenüber der Ertragstafelkurve.

Bei der III. Ertragsklasse dagegen zeigt sich vornehmlich in den Altern über 100 Jahren eine merkliche Überlegenheit gegenüber den Ertragstafelwerten, und bei den verhältnismäßig wenigen Zahlen der IV. Ertragsklasse sind mit Ausnahme von zwei Flächen alle Bestände im Zuwachsprozent der Ertragstafel erheblich überlegen.

Wir finden also bei der Buche die bei Auflockerung zu erwartende Erhöhung des Zuwachsprozentes nur bei den geringen Ertragsklassen, während die besseren Er-

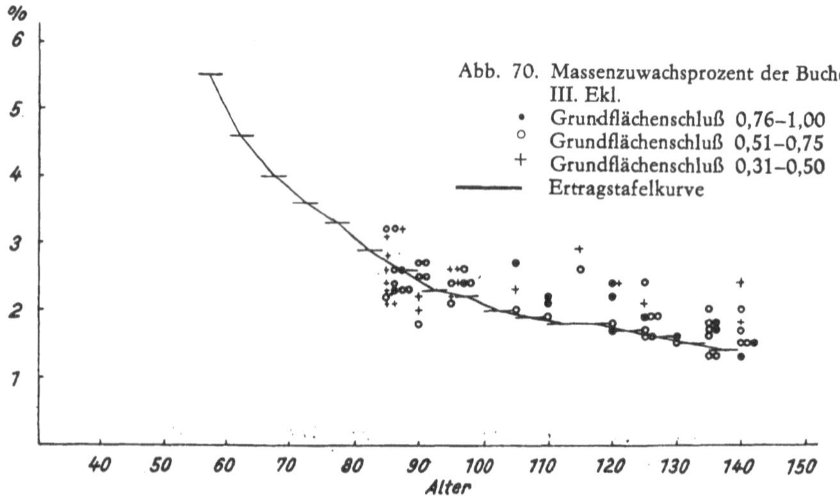

Abb. 70. Massenzuwachsprozent der Buche III. Ekl.
• Grundflächenschluß 0,76–1,00
○ Grundflächenschluß 0,51–0,75
+ Grundflächenschluß 0,31–0,50
—— Ertragstafelkurve

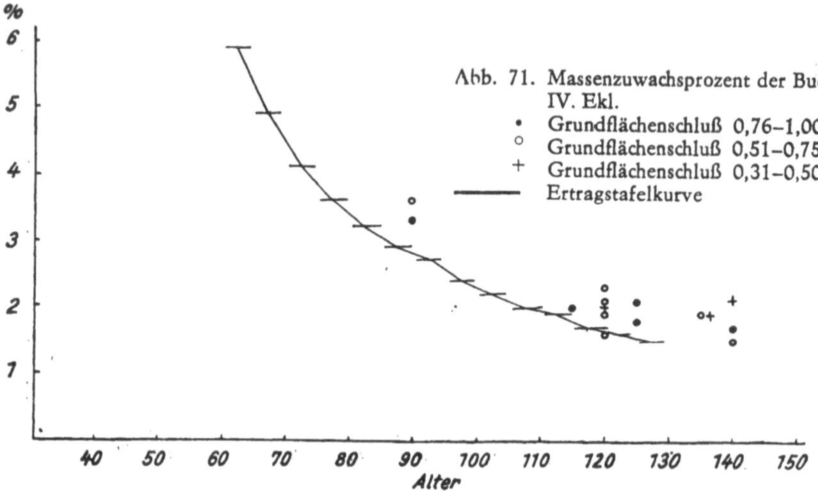

Abb. 71. Massenzuwachsprozent der Buche IV. Ekl.
• Grundflächenschluß 0,76–1,00
○ Grundflächenschluß 0,51–0,75
+ Grundflächenschluß 0,31–0,50
—— Ertragstafelkurve

tragsklassen entweder unter oder höchstens bis zu den Ertragstafelwerten reichen. Damit wird die schon bei der Kiefer sehr deutliche und bei der Fichte immerhin bemerkbare Tendenz im Verlauf des Zuwachsprozentes auch bei der Buche festgestellt. Die Schädigung durch unpflegliche Eingriffe ist auf den guten Ertragsklassen am stärksten, auf den geringeren Ertragsklassen weniger stark.

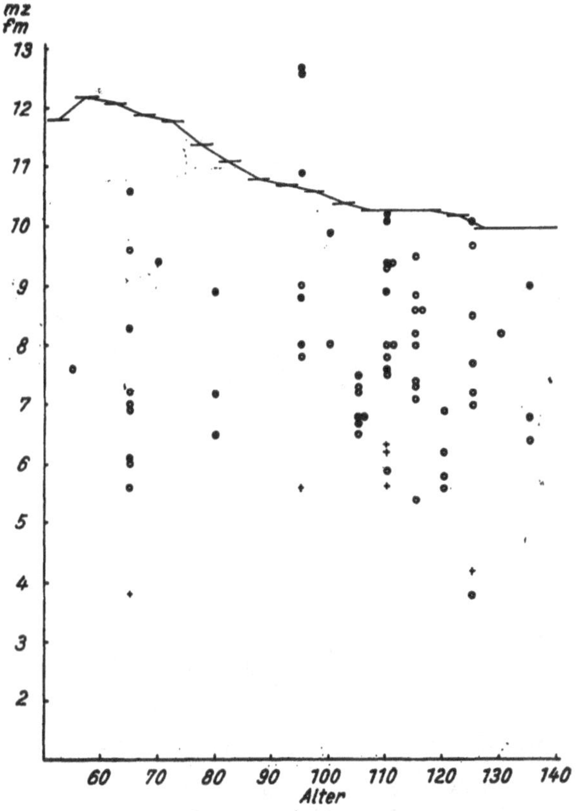

Abb. 72. Absoluter Massenzuwachs der Buche I. Ekl.
• Grundflächenschluß 0,81–1,00
° Grundflächenschluß 0,61–0,80
+ Grundflächenschluß unter 0,60

c) Der absolute laufend-jährliche Derbholzmassenzuwachs

Die Zeichnung des absoluten Massenzuwachses (Abb. 72–75) für die einzelnen Ertragsklassen zeigt die beim Zuwachsprozent erkennbare Tendenz.

In der I. Ertragsklasse liegen fast sämtliche Werte unterhalb der Ertragstafelkurve. Bei der II. und III. Ertragsklasse steigt die Zahl der über die Ertragstafelkurve liegenden Werte deutlich an, und bei der IV. Ertragsklasse liegen nur noch wenige

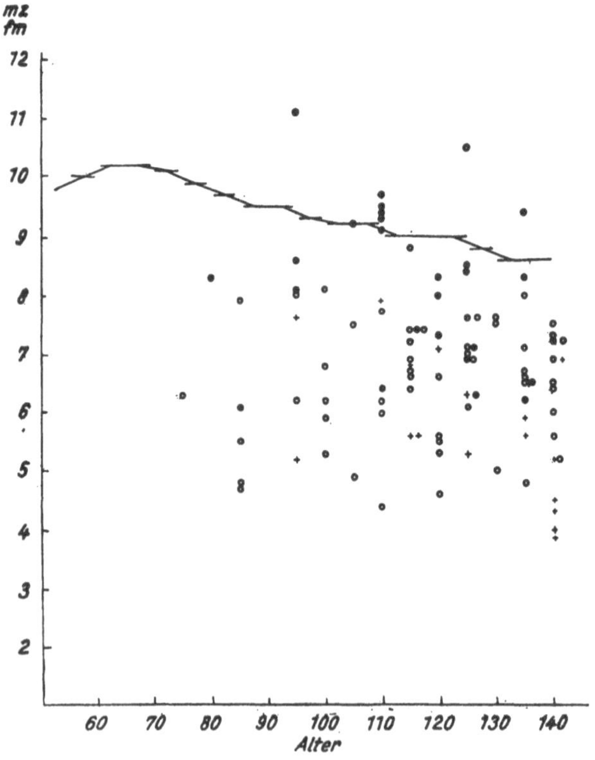

Abb. 73. Absoluter Massenzuwachs der Buche II. Ekl.
• Grundflächenschluß 0,81–1,00
○ Grundflächenschluß 0,61–0,80
+ Grundflächenschluß unter 0,60

Werte, darunter die beiden Daten der Flächen V. Ertragsklasse, unterhalb der Tafelkurve.

Auffällig ist auch hier, daß die Streuungsbreiten mit sinkender Ertragsklasse abnehmen, so daß also mit Wahrscheinlichkeit bei Berechnung eines Korrelationsmaßes die Zusammenhänge zwischen Zuwachs und Alter mit sinkender Ertragsklasse straffer würden. Bei der technischen Berechnung der in den Tafeln und

Tabellen aufgeführten Werte wurde von der schon für die Fichte und Kiefer gegebenen Darstellung nicht abgewichen. Es erübrigt sich daher ein nochmaliges Eingehen auf diese Dinge.

Die Unterschiede zwischen den beiden ausgeschiedenen Waldgebieten im Zuwachsgang sind so gering, daß die Aufstellung getrennter Tabellen von vornherein nicht in Frage kam.

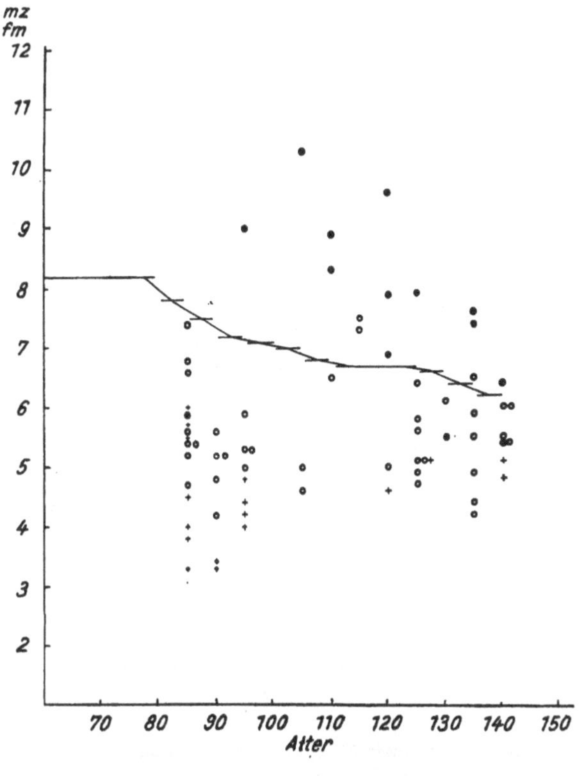

Abb. 74. Absoluter Massenzuwachs der Buche III. Ekl.
• Grundflächenschluß 0,81–1,00
° Grundflächenschluß 0,61–0,80
+ Grundflächenschluß unter 0,60

Die in der Schlußtabelle enthaltenen Endzahlen sind ebenso wie bei der Kiefer und Fichte die mit den Ertragsklassenanteilen gewogenen mittleren Zuwachsschlußgrade der Grundflächenschlüsse von 0,4–0,9.

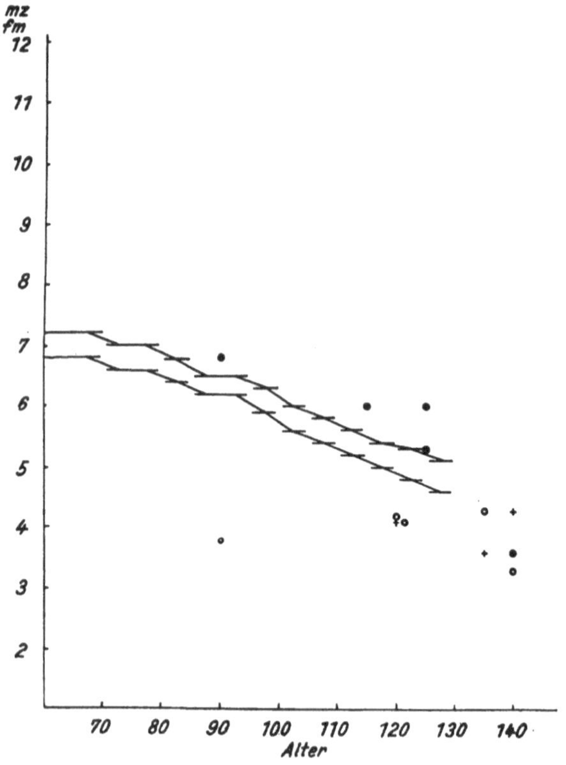

Abb. 75. Absoluter Massenzuwachs der Buche IV. Ekl. einschl. 2 Flächen V. Ekl.
• Grundflächenschluß 0,81–1,00
○ Grundflächenschluß 0,61–0,80
+ Grundflächenschluß unter 0,60
——— Ertragstafelkurve, obere Kurve für Ekl. III. 75

d) Zuwachstabellen nach Ertragsklasse, Alter und Grundflächenschluß

Die Endtabelle zeigt, daß etwa bis zu einem Grundflächenschluß von 0,6 herunter die I. und II. Ertragsklasse im Zuwachsschluß sehr viel tiefer liegt als die III. und IV. Ertragsklasse. Für die I., II. und III. Ertragsklasse ist ein ähnliches Verhalten auch bis zum geringsten Zuwachsschlußgrad von 0,4 festzustellen. Lediglich für die IV. Ertragsklasse ergibt sich bei einem Absinken des Grundflächenschlusses unter 0,6 eine beträchtliche und über das normale Maß hinausgehende Zuwachsschlußabsenkung.

Damit ist bei der Buche in noch stärkerem Maße als bei der Kiefer festzustellen, daß Auflockerungen unpfleglicher Art sich in erster Linie auf den besseren Ertragsklassen ausprägen, während bei den geringeren Ertragsklassen die Absenkung des Zuwachses unter das Normalmaß in bedeutend geringerer Weise eintritt. Als indirekte Folgerung dieses Ergebnisses läßt sich die Notwendigkeit einer relativ höheren Grundflächenhaltung für gute Ertragsklassen ableiten, sofern einigermaßen genügende Zuwüchse erreicht werden sollen.

Unabhängig davon bewegt sich der laufende Massenzuwachs der Buche insgesamt auf einer Ebene, die wesentlich über den Grundflächenschlüssen liegt. Für den Zuwachsverlauf der Buche bei normaler Behandlung hat MITSCHERLICH (9) Zahlen bekanntgegeben, die beträchtlich unter denen der in den „Bayrischen Hilfstafeln" enthaltenen Tabellen liegen. Sie scheinen mir für die Beurteilung des Zuwachsganges normaler Bestände wesentlich richtiger zu sein, und sie sind m. E. auch als Vergleichsmaßstab besser brauchbar. Die Zahlen von MITSCHERLICH sind daher, wie bereits oben erwähnt, in der abschließenden Zuwachstabelle für die Buche eingefügt. Wenn man die Zahlen von MITSCHERLICH als oberen und den Grundflächenschluß als unteren Wert annimmt, dann ergibt sich insgesamt für die Buche, daß die wirklichen Zuwachswerte für unpfleglich aufgelockerte Bestände etwa auf der Mitte der beiden Zahlenskalen liegen.

Tabelle 21

Zuwachsschluß nach Ertragsklasse und Alter

I. Ertragsklasse

Alter	1.0 M	1.0 m_z	1.0 m_z %	0.9 M	0.9 m_z	0.9 m_z %	0.8 M	0.8 m_z	0.8 m_z %
60	309			278			247		
		12.1	3.9		10.4	3.7		9.4	3.8
65	346			311			277		
		11.9	3.4		10.4	3.3		9.4	3.4
70	380			342			304		
		11.8	3.1		10.3	3.0		9.4	3.1
75	408			367			326		
		11.4	2.8		10.3	2.8		9.4	2.9
80	433			390			346		
		11.1	2.6		10.2	2.6		9.3	2.7
85	456			410			365		
		10.8	2.4		10.1	2.5		9.3	2.5
90	477			429			382		
		10.7	2.2		9.9	2.3		9.2	2.4
95	497			447			398		
		10.6	2.1		9.8	2.2		9.1	2.3
100	516			464			413		
		10.4	2.0		9.7	2.1		9.0	2.2
105	533			480			426		
		10.3	1.9		9.6	2.0		8.9	2.1
110	550			495			440		
		10.3	1.9		9.5	1.9		8.8	2.0
115	566			509			453		
		10.3	1.8		9.4	1.8		8.7	1.9
120	582			524			466		
		10.2	1.8		9.3	1.8		8.6	1.8
125	597			537			478		
		10.0	1.7		9.2	1.7		8.5	1.8
130	611			550			489		
		10.0	1.6		9.1	1.7		8.4	1.7
135	625			563			500		
		10.0	1.6		9.0	1.6		8.2	1.6
140	638			574			510		
		1.000			0.909			0.835	

bei Buche — unpflegliche Behandlung

M	0.7 m_z	m_z %	M	0.6 m_z	m_z %	M	0.5 m_z	m_z %	M	0.4 m_z	m_z %
216			185			155			124		
	8.2	3.8		7.5	4.1		6.7	4.3		6.1	4.9
242			208			173			138		
	8.4	3.5		7.5	3.6		6.7	3.9		6.1	4.4
266			228			190			152		
	8.4	3.2		7.5	3.3		6.7	3.5		6.1	4.0
286			245			204			163		
	8.4	2.9		7.5	3.1		6.7	3.3		6.1	3.7
303			260			217			173		
	8.4	2.8		7.5	2.9		6.7	3.1		6.1	3.5
319			274			228			182		
	8.3	2.6		7.4	2.7		6.7	2.9		6.1	3.4
334			286			239			191		
	8.3	2.5		7.4	2.6		6.7	2.8		6.1	3.2
348			298			249			199		
	8.3	2.4		7.4	2.6		6.7	2.7		6.1	3.1
361			310			258			206		
	8.2	2.3		7.3	2.4		6.7	2.6		6.1	3.0
373			320			267			213		
	8.2	2.2		7.3	2.3		6.6	2.5		5.9	2.8
385			330			275			220		
	8.1	2.1		7.3	2.2		6.5	2.4		5.8	2.6
396			340			283			226		
	8.0	2.0		7.2	2.1		6.4	2.3		5.7	2.5
407			349			291			233		
	7.9	1.9		7.1	2.0		6.3	2.2		5.4	2.3
418			358			299			239		
	7.8	1.9		7.0	2.0		6.2	2.1		5.3	2.2
428			367			306			244		
	7.7	1.8		6.9	1.9		6.0	2.0		5.2	2.1
438			375			313			250		
	7.5	1.7		6.7	1.8		5.8	1.9		5.0	2.0
447			383			319			255		
	0.757			0.678			0.606			0.542	

Tabelle 21

Zuwachsschluß nach Ertragsklasse und Alter

II. Ertragsklasse

Alter	1.0			0.9			0.8		
	M	m_z	m_z %	M	m_z	m_z %	M	m_z	m_z %
60	236			212			189		
		10.2	4.3		8.8	4.2		7.9	4.2
65	269			242			215		
		10.2	3.8		8.8	3.6		8.0	3.7
70	299			269			239		
		10.1	3.4		8.8	3.3		8.0	3.3
75	327			289			262		
		9.9	3.0		8.7	3.0		8.0	3.1
80	354			319			283		
		9.7	2.7		8.7	2.7		8.0	2.8
85	376			338			301		
		9.5	2.5		8.7	2.6		8.0	2.7
90	396			356			317		
		9.5	2.4		8.7	2.4		8.0	2.5
95	416			374			333		
		9.3	2.2		8.5	2.3		7.9	2.4
100	433			390			346		
		9.2	2.1		8.4	2.2		7.8	2.3
105	449			404			359		
		9.2	2.0		8.4	2.1		7.8	2.2
110	465			419			372		
		9.0	1.9		8.2	2.0		7.6	2.0
115	480			432			384		
		9.0	1.9		8.2	1.9		7.6	2.0
120	496			446			397		
		9.0	1.8		8.2	1.8		7.6	1.9
125	511			460			409		
		8.8	1.7		8.0	1.7		7.4	1.8
130	525			473			420		
		8.6	1.6		7.8	1.6		7.1	1.7
135	537			483			430		
		8.6	1.6		7.8	1.6		7.0	1.6
140	549			494			439		
		1.000			0.899			0.826	

bei Buche — unpflegliche Behandlung

M	0.7 m_z	m_z %	M	0.6 m_z	m_z %	M	0.5 m_z	m_z %	M	0.4 m_z	m_z %
165			142			118			94		
	7.3	4.4		6.7	4.7		6.2	5.3		5.6	6.0
188			161			135			108		
	7.4	3.9		6.8	4.2		6.2	4.6		5.6	5.2
209			179			150			120		
	7.4	3.5		6.8	3.8		6.2	4.1		5.6	4.7
229			196			164			131		
	7.4	3.2		6.8	3.5		6.2	3.8		5.6	4.3
248			212			177			142		
	7.4	3.0		6.8	3.2		6.2	3.5		5.6	3.9
263			226			188			150		
	7.3	2.8		6.8	3.0		6.2	3.3		5.6	3.7
277			238			198			158		
	7.3	2.6		6.8	2.9		6.2	3.1		5.6	3.5
291			250			208			166		
	7.3	2.5		6.7	2.7		6.2	3.0		5.6	3.4
303			260			217			173		
	7.2	2.4		6.7	2.6		6.2	2.9		5.6	3.2
314			269			225			180		
	7.2	2.3		6.6	2.5		6.1	2.7		5.5	3.0
326			279			233			186		
	7.0	2.1		6.5	2.3		6.0	2.6		5.5	3.0
336			288			240			192		
	7.0	2.1		6.4	2.2		5.8	2.4		5.2	2.7
347			298			248			198		
	6.9	2.0		6.3	2.1		5.6	2.3		5.0	2.5
358			307			356			204		
	6.7	1.9		6.1	2.0		5.4	1.5		4.8	2.4
368			315			263			210		
	6.4	1.7		5.8	1.8		5.3	2.0		4.8	2.3
376			322			269			215		
	6.2	1.6		5.6	1.7		5.1	1.9		4.6	2.1
384			329			275			220		
	0.757			0.696			0.635			0.573	

Tabelle 21

Zuwachsschluß nach Ertragsklasse und Alter

III. Ertragsklasse

Alter		1.0			0.9			0.8	
	M	m_z	m_z %	M	m_z	m_z %	M	m_z	m_z %
60	177			159			142		
		8.2	4.6		7.5	4.7		7.0	4.9
65	203			183			162		
		8.2	4.0		7.5	4.1		7.0	4.3
70	226			203			181		
		8.2	3.6		7.4	3.6		7.0	3.9
75	249			224			199		
		8.2	3.3		7.3	3.3		6.9	3.5
80	272			245			218		
		7.8	2.9		7.2	2.9		6.8	3.1
85	293			264			234		
		7.5	2.6		7.1	2.7		6.7	2.9
90	312			281			250		
		7.2	2.3		6.9	2.5		6.6	2.6
95	329			296			263		
		7.1	2.2		6.8	2.3		6.5	2.5
100	345			311			276		
		7.0	2.0		6.6	2.1		6.3	2.3
105	361			325			289		
		6.8	1.9		6.5	2.0		6.2	2.1
110	375			338			300		
		6.7	1.8		6.4	1.9		6.1	2.0
115	388			349			310		
		6.7	1.8		6.4	1.8		6.1	2.0
120	400			360			320		
		6.7	1.7		6.4	1.8		6.1	1.9
125	412			371			330		
		6.6	1.6		6.3	1.7		6.0	1.8
130	424			382			339		
		6.4	1.5		6.2	1.6		5.7	1.7
135	434			391			347		
		6.2	1.4		6.0	1.5		5.6	1.6
140	443			399			354		
		1.000			0.939			0.888	

bei Buche — unpflegliche Behandlung

	0.7			0.6			0.5			0.4	
M	m_z	m_z %	M	m_z	m_z %	M	m_z	m_z %	M	m_z	m_z %
124	6.3	5.1	106	5.7	5.4	89	4.9	5.5	71	4.3	6.1
142	6.3	4.4	122	5.7	4.7	102	4.9	4.8	81	4.3	5.3
158	6.3	4.0	136	5.7	4.2	113	4.9	4.3	90	4.3	4.8
174	6.2	3.6	149	5.7	3.8	125	4.9	3.9	100	4.3	4.3
190	6.2	3.3	163	5.6	3.4	136	4.9	3.6	109	4.3	3.9
205	6.1	3.0	176	5.5	3.1	147	4.8	3.3	117	4.2	3.6
218	6.0	2.8	187	5.5	2.9	156	4.8	3.1	125	4.2	3.4
230	6.0	2.6	197	5.4	2.7	165	4.8	2.9	132	4.1	3.1
242	5.9	2.4	207	5.4	2.6	173	4.7	2.7	138	4.1	3.0
253	5.9	2.3	217	5.3	2.4	181	4.7	2.6	144	4.0	2.8
263	5.8	2.2	225	5.2	2.1	188	4.6	2.4	150	4.0	2.7
272	5.7	2.1	233	5.2	2.2	194	4.5	2.3	155	3.9	2.5
280	5.6	2.0	240	5.1	2.1	200	4.4	2.2	160	3.9	2.4
288	5.5	1.9	247	5.0	2.0	206	4.4	2.1	165	3.8	2.3
297	5.4	1.8	254	4.9	1.9	212	4.3	2.0	170	3.7	2.2
303	5.3	1.7	260	4.7	1.8	217	4.2	1.9	174	3.6	2.1
310	0.818		266	0.741		222	0.647		177	0.563	

Tabelle 21

Zuwachsschluß nach Ertragsklasse und Alter

IV. Ertragsklasse

Alter	1.0			0.9			0.8		
	M	m_z	m_z %	M	m_z	m_z %	M	m_z	m_z %
60	116			104			93		
		6.8	5.9		6.4	6.2		6.1	6.6
65	140			126			112		
		6.8	4.9		6.4	5.1		6.1	5.4
70	162			146			130		
		6.6	4.1		6.3	4.3		6.0	4.6
75	181			163			145		
		6.6	3.6		6.2	3.8		5.9	4.1
80	199			179			159		
		6.4	3.2		6.1	3.4		5.8	3.6
85	215			194			172		
		6.2	2.9		6.0	3.1		5.7	3.3
90	229			206			183		
		6.2	2.7		5.9	2.9		5.6	3.1
95	243			219			194		
		5.9	2.4		5.6	2.6		5.3	2.7
100	256			230			205		
		5.6	2.2		5.4	2.3		5.1	2.5
105	267			240			214		
		5.4	2.0		5.2	2.2		4.9	2.3
110	278			250			222		
		5.2	1.9		5.0	2.0		4.8	2.2
115	289			260			231		
		5.0	1.7		4.8	1.8		4.6	2.0
120	299			269			239		
		4.8	1.6		4.6	1.7		4.4	1.8
125	308			277			246		
		4.6	1.5		4.5	1.6		4.3	1.7
130	316			284			253		
		1.000			0.955			0.909	

bei Buche — unpflegliche Behandlung

	0.7			0.6			0.5			0.4	
M	m_z	m_z %	M	m_z	m_z %	M	m_z	m_z %	M	m_z	m_z %
81	5.3	6.5	70	4.5	6.4	58	3.7	6.4	46	3.0	6.5
98	5.3	5.4	84	4.5	5.4	70	3.7	5.3	56	3.0	5.4
113	5.3	4.7	97	4.4	4.5	81	3.6	4.4	65	2.9	4.5
127	5.2	4.1	109	4.3	3.9	90	3.5	3.9	72	2.8	3.9
139	5.1	3.7	119	4.2	3.5	100	3.4	3.4	80	2.8	3.5
150	5.0	3.3	129	4.2	3.2	108	3.4	3.1	86	2.7	3.1
160	5.0	3.1	137	4.1	3.0	114	3.3	2.9	92	2.7	2.9
170	4.8	2.8	146	4.0	2.7	122	3.3	2.7	97	2.7	2.8
179	4.6	2.6	154	3.9	2.5	128	3.3	2.6	102	2.7	2.6
187	4.4	2.4	160	3.8	2.4	134	3.3	2.5	107	2.7	2.5
195	4.3	2.2	167	3.8	2.3	139	3.3	2.4	111	2.7	2.4
202	4.2	2.1	173	3.7	2.1	144	3.2	2.2	116	2.7	2.3
209	4.1	2.0	179	3.7	2.1	150	3.2	2.1	120	2.7	2.2
216	4.0	1.8	185	3.6	1.9	154	3.1	2.0	123	2.7	2.2
221	0.811		190	0.691		158	0.576		126	0.473	

Tabelle 22

Zuwachsschluß und Ertragsklasse Buche unpfleglich

Grundflächenschluß	1.0	0.9	0.8	0.7	0.6	0.5	0.4
Zuwachsschluß							
Bayr. Hilfstafeln	1.0	1.0	1.0	1.0	0.9	0.8	0.7
Tab. MITSCHERLICH	1.0	0.98	0.95	0.90	0.83	0.74	0.63
Zuwachsschluß ungepflegt. Bestände							
I. Ertragsklasse	1.000	0.909	0.835	0.757	0.678	0.606	0.542
II. Ertragsklasse	1.000	0.899	0.826	0.757	0.696	0.635	0.573
III. Ertragsklasse	1.000	0.939	0.888	0.818	0.741	0.647	0.563
IV. Ertragsklasse	1.000	0.955	0.909	0.811	0.691	0.576	0.473
Zuwachsschluß als arithmetisches, mit durchschn. Ertragsklassenanteilen gewogenes Mittel	1.000	0.919	0.855	0.781	0.705	0.627	0.554

V. Zusammenfassung

In der vorliegenden Abhandlung ist versucht worden, Werte für das laufend-jährliche Zuwachsprozent und für den absoluten laufend-jährlichen Derbholzmassenzuwachs der Kiefer, Fichte und Buche bei herabgesetztem Grundflächenschluß zu berechnen. Als Bezugsbasis wurden die Ertragstafeln von WIEDEMANN gewählt. Die Untersuchungen gliedern sich in zwei Teile:

1. Es wurden Zuwachsdaten berechnet, deren Anwendung eine normale, d. h. pflegliche Behandlung zur Voraussetzung hat. Gegenüber dem vollen Ertragstafelschluß liegt zwar eine Auflockerung vor, jedoch ist diese Auflockerung so vorgenommen worden, daß die besten Zuwachsträger nach Möglichkeit belassen wurden.
2. Die Untersuchungen erstreckten sich auf solche Bestände, die typisch unpfleglich durchhauen worden sind, in denen also jeweils gerade die besten Zuwachsträger entnommen wurden.

Für den ersten Teil der Arbeit wurden der Berechnung teilweise Erfahrungszahlen, teilweise die sich aus dem Vergleich verschiedener Durchforstungsgrade ergebenden Verhältnismaße zugrunde gelegt.

Für die Berechnung des Zuwachses unpfleglich behandelter Bestände wurden Probeflächen aufgenommen, die sich folgendermaßen verteilen:

a)	Kiefer	Nordbrandenburg/Mecklenburg	104 Flächen
		Sachsen-Anhalt	102 Flächen
		Nordsachsen/Südbrandenburg	108 Flächen
			314 Flächen
b)	Fichte	Thüringer Wald und Erzgebirge	183 Flächen
		Harz	64 Flächen
			247 Flächen
c)	Buche	Nordbrandenburg/Mecklenburg	151 Flächen
		Thüringen/Harz	107 Flächen
			258 Flächen

Insgesamt wurden also 819 Probeflächen aufgenommen. Bei Ermittlung des Zuwachsprozentes dieser Flächen wurde die mit Hilfe der PRODANschen Konstanten modifizierte und dem Zweck der Untersuchung angepaßte Zuwachsprozentformel nach SCHNEIDER benutzt.

Die Ergebnisse der Untersuchungen fanden in zwei Tabellenwerken ihren Niederschlag, in denen sowohl für pfleglich wie für unpfleglich behandelte Bestände Zuwachs und Zuwachsprozent getrennt nach Holzarten, Ertragsklassen,

Bestockungsgraden und Altern Aufnahme fanden. Für die Kiefer und die Fichte wurden außerdem die für unpflegliche Behandlung typischen Strukturveränderungen festgehalten.

Im einzelnen lassen die Tabellen folgende Entwicklungstendenzen erkennen

1. Der laufende Zuwachs verringert sich mit sinkendem Grundflächenschluß relativ stark auf guten Ertragsklassen, während er bei geringen Standorten verhältnismäßig wenig absinkt. Die Gründe dafür sind im größeren Stammreichtum geringerer Ertragsklassen zu suchen, in denen auch bei stärkeren Entnahmen ein genügendes Reservoir leistungsfähiger Stämme vorhanden ist, die den Verlust weitgehend auszugleichen vermögen. Außerdem spielt sicher auch die günstige Wirkung der Auflockerung auf geringen Standorten eine größere Rolle als auf guten Standorten. Bei der Kiefer und bei der Buche prägt sich das relativ stärkere Absinken des Zuwachses in den besseren Ertragsklassen stärker aus als bei der Fichte.

2. Für die Kiefer konnte festgestellt werden, daß zwischen den auf Grund früherer Untersuchungen und allgemeiner Überlegungen ausgeschiedenen drei Kiefernwaldgebieten Nordbrandenburg/Südmecklenburg, Sachsen-Anhalt und Nordsachsen/Südbrandenburg gewisse charakteristische Unterschiede bestehen. Sie erstrecken sich nicht allein auf die bereits früher festgestellte Bonitätsverschiebung, sondern sie finden ihren Ausdruck auch in einer ungleichartigen Reaktion des Zuwachses auf unpflegliche Eingriffe. Dabei wurde gefunden, daß die auf den besseren Ertragsklassen festgestellte relativ starke Minderung des Zuwachses ebenso wie die auf den geringen Ertragsklassen ermittelte, den Normalen angeglichene Erhöhung des Zuwachses bei unpfleglicher Verminderung des Grundflächenschlusses am stärksten auf den jungdiluvialen Böden des nordbrandenburgisch-mecklenburgischen Raumes zum Ausdruck kommt. In den beiden anderen Waldgebieten nähern sich in Sachsen-Anhalt die Verhältnisse denen in Nordbrandenburg/Mecklenburg, während in Nordsachsen/Südbrandenburg die gleiche Tendenz nur leicht angedeutet ist. Es wurde versucht, auf mathematisch-statistischem Wege zu prüfen, ob die Differenzen so groß sind, daß eine getrennte Berechnung von Zuwachstabellen notwendig ist. Die Ergebnisse lassen eine solche Trennung als nicht geboten erscheinen, da die Unterschiede der auf der Grundlage eines großen Durchschnitts gewonnenen Zahlen im wesentlichen innerhalb der Grenzwahrscheinlichkeit liegen. Für die Fichte und für die Buche konnten ähnliche, waldgebietsmäßig bedingte Unterschiede nicht gefunden werden.

3. Die Senkung des laufend-jährlichen Derbholzmassenzuwachses bei unpfleglich geführten Hiebseingriffen gegenüber einer normalen Auslese beträgt

bei der Kiefer 0,07–0,14 des normalen Zuwachses,
bei der Fichte 0,03–0,19 des normalen Zuwachses,
bei der Buche 0,06–0,12 des normalen Zuwachses.

Im großen und ganzen beträgt die durch unpfleglich geführte Hiebe hervorgerufene Zuwachsschädigung also 10–15 % des normalen Zuwachses.

Sämtliche Zuwachswerte können ähnlich wie die Ertragstafeldaten naturgemäß nur als grobe Durchschnittszahlen betrachtet und benutzt werden.

Literaturverzeichnis

1. ASSMANN, E.: Bestockungsdichte und Holzerzeugung Forstwissenschaftliches Centralblatt 1953, S. 69–101
2. ASSMANN, E.: Grundflächen- und Volumenzuwachs der Rotbuche bei verschiedenen Durchforstungsgraden Forstwissenschaftliches Centralblatt 1950, S. 256 bis 288
3. BAYRISCHE HILFSTAFELN FÜR DIE FORSTEINRICHTUNG Bayr. Min. – Forstabteilung 1951
4. BRAATHE, P.: Undersøkelser over utviklingen av glissen gjenvekst av gran Meddelelser fra det Norske skogforsøksvesen 42 (1953)
5. DIETERICH, V.: Aus den Ergebnissen von Durchforstungsversuchen in Buchenbeständen Allgem. Forst- und Jagdzeitung 1924, S. 566–577
6. ERTELD, W.: Ertragskundliche Merkmale einiger norddeutscher Kiefernwaldgebiete Archiv f. Forstwesen 3. Bd., 1954, H. 5/6, S. 432 bis 440
7. LINDER, A.: Statistische Methoden für Naturwissenschaftler, Mediziner und Ingenieure Verlag Birkhaeuser, Basel 1945
8. LOETSCH, F.: Massenzuwachsermittlung durch Bohrspanproben unter Anwendung mathematisch-statistischer Methoden Zeitschrift für Weltforstwirtschaft 1953, S. 77–98
9. MITSCHERLICH, G.: Der Einfluß der Bestandesdichte auf den Zuwachs der Rotbuche in Nord- und Westdeutschland Forstwissenschaftliches Centralblatt 1954, S. 193 bis 211
10. MITSCHERLICH, G.: Die Bedeutung der Wuchsgebiete für das Bestandeswachstum von Buche, Eiche, Erle und Birke Forstwissenschaftliches Centralblatt 1950, S. 184 bis 211
11. MITSCHERLICH, G.: Sortenertragstafeln für Kiefer, Buche und Eiche, Sortenertragstafel für Fichte Mitteilung aus Forstwirtschaft und Forstwissenschaft 1939, S. 484–568
12. MUDRA, A.: Einführung in die Methodik der Feldversuche S. Hirzel-Verlag Leipzig 1952

13. PRODAN, M.: Die Bestimmung des Massenzuwachses von Beständen mit Hilfe des Massenzuwachsprozentes Forstwissenschaftliches Centralblatt 1949, S. 292 bis 299

14. PRODAN, M.: Messung der Waldbestände J. D. Sauerländers Verlag Frankfurt a. M. 1950

15. SCAMONI, A.: Waldkundliche Untersuchungen auf grundwassernahen Talsanden Akademie-Verlag Berlin 1950

16. SCHWAPPACH, A.: Die Kiefer Verlag J. Neumann-Neudamm 1908

17. SCHWAPPACH, A.: Die Rotbuche Verlag J. Neumann-Neudamm 1911

18. SPEIDEL, G.: Die Schneidersche Konstante Forstwissenschaftliches Centralblatt 1949, S. 161 bis 183

19. WECK, J.: Die Anwendung von Wuchsgesetzen als Methode der forstlichen Zuwachsforschung Allgemeine Forstzeitschrift 1953, S. 39–43

20. WECK, J.: Über die Brauchbarkeit von Wachstumsgesetzen als diagnostisches Hilfsmittel der Waldwachstumskunde Forstwissensch. Centralblatt 1950, S. 584–605

21. WIEDEMANN, E.: Die Fichte 1936 Mitteilungen aus Forstwirtschaft und Forstwissenschaft 1937, S. 104–248

22. WIEDEMANN, E.: Die Rotbuche 1931 Mitteilungen aus Forstwirtschaft und Forstwissenschaft 1932, S. 96–285

23. WIEDEMANN, E.: Die Kiefer 1948 Verlag M. u. H. Schaper, Hannover 1948

24. WIEDEMANN, E.: Ertragstafeln der wichtigsten Holzarten Verlag M. u. H. Schaper, Hannover 1949

25 WIEDEMANN, E.: Über die Einführung von Ertragstafeln, die auf dem dGz aufgebaut sind und über die Berücksichtigung des Sondercharakters der einzelnen Wuchsgebiete Forstwissenschaftl. Centralblatt 1950, S. 625–636

26. ZIMMERLE, H.: Die Versuchsreihe über Buchendurchforstung im Forstbezirk Geißlingen a. St. Allgem. Forst- und Jagdzeitung 1938, S. 193–226

27. ZIMMERLE, H.: Erfahrungen mit dem von Seebachschen Lichtungsbetrieb in Württemberg Allgem. Forst- und Jagdzeitung 1944, S. 29–48

Kolibri 360 GmbH
Ferdinand-Jühlke-Straße 7
99095 Erfurt, Deutschland
produktsicherheit@kolibri360.de